KB173463

언 택 트 시 대
여 행 처 방 전

지금은 곁에 있는 것들을 사랑할 시간

언택트시대 여행처방전
이런 분들께 권해드립니다

✓ 어딘가 다녀오고 싶지만 사람 많은 곳은 꺼려진다.

✓ 국내 여행은 해외여행보다 못할 것이라는 선입견이 있다.

✓ 국내 여행은 그리 많이 해보진 못했다.

✓ 사람 많은 거 차 밀리는 거 딱 질색이다.

✓ 걷기를 좋아하지만 내내 걷는 건 싫다.

✓ 중간에 멋진 카페나 박물관, 미술관 한두 개 들르는 걸 좋아한다.

✓ 파도 멍, 불 멍, 커피 멍을 좋아한다.

일러두기

* 여행 장소보다 테마별로 목차를 구성했습니다.

** 함께 가보면 좋은 곳들은 "지극히 주관적이고 취향에 맞았던 저만의 루트"를 넣었습니다.

*** Travel Tips는 간단한 정보로 대신 합니다.

대이작도

세계 100여 개 국가를 돌아본 여행가가 엄선한
국내 언택트 힐링 여행 테마 24

Prologue

지금은 한국을 재발견할 때!

특별히 용기가 많은 편은 아닌 것 같습니다. 용기 있는 척할 뿐이지요. 특별히 웃을 일이 많은 것도 아닙니다. 자주 웃을 뿐이지요. 용기를 내다보면 쉽게 용기가 나고, 억지로 웃다 보면 행복해지더라는 뭐 그런 생각입니다.

2020년 5월 22일 자 포브스(Forbes)에 여행이 왜 우리를 행복하게 하는가? 라는 제목의 기사가 실렸습니다. 우린 왜 여행 갈 생각만으로 기분이 좋아지며,

여행을 못 가게 된 것이 이토록 고통스러운 걸까요? 실험에 의하면 다양한 물리적 환경을 일상적으로 탐험하면서 얻는 참신하고 다채로운 경험이 실제로 주관적 웰빙과 매우 관련 있다고 합니다. 여행은 낯선 곳에서 새롭고 다양한 경험을 하는 일이니 자연스레 행복의 근거가 된다는 것이지요.

코로나로 해외여행이 어려워진 요즘은 어쩌면 좋을까요?
답은 지금 할 수 있는 것에서 최대한 돌파구를 찾아야 한다는 겁니다.

물리적 환경과 일상에 작은 변화를 주는 것만으로 여행이 주는 희열과 같은 '탐험 효과'를 누려보는 것이지요. 삶을 멈출 수 없듯 여행 또한 그러하기에 지금 있는 여기에서 행복해질 방법을 찾아야 합니다.

분명 잃은 것도 많지만 다시 찾은 것도 있습니다. 일상의 소중함을 새삼 깨우쳤고, 강아지나 고양이와 더 친해졌으며, 더 많이 동네를 산책합니다. 국내 여행은 음식이 입에 맞아 좋고, 따로 긴 시간을 내지 않아도 되니 한결 간편합니다.

먼 이국의 사진을 보며 더 일찍 그곳에 가지 못한 걸 후회하고 있는 당신이라면 지금 할 수 있는 것들을 하나씩 해보기로 해요.

새로운 골목을 탐색하는 일,
새로운 미술관을 찾아가고,
새로운 음식을 먹어보는 일.

호기심의 눈으로 본다면 모든 순간이 여행입니다.

그간 밖으로만 눈을 돌리느라 별로 가보지 못했던 국내 여행 이야기를 담았습니다. 코로나로 인해 생긴 '공항장애(공항에 못 가서 생긴 병)' 치료차 떠난 국내 여행에서 해외명소 못지않게 새롭게 발견한 곳들을 엄선했습니다.

늘 하던 동네 여행부터 언젠가 가겠지 하고 미뤄두었던 소도시 여행까지. 단체 관광객 없는 한적한 섬 여행과 그 안에 보석처럼 박힌 미술관, 카페들에서 세계 여행 못지않은 국내의 아름다움을 발견하시리라 믿습니다.

추위에 떨었던 사람일수록
태양을 따뜻하게 느낀다.
인생의 험한 항해에서 빠져나온 사람일수록
생명의 존귀함을 알게 된다.

– 월트 휘트먼 –

01 태고의 자연을
느끼고 싶을 때

옹진 굴업도

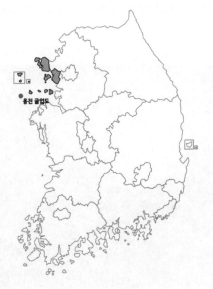

인간사는 왜곡되어 돌아가지만, 아름다운 자연은 변함없이 좋습니다. 헤르만 헤세도 같은 마음이었나 봅니다. "힘든 시기에는 자연으로 나가서 수동적이 아닌 적극적인 자세로 그것을 즐기는 것보다 더 좋은 약은 없다."고 했지요. 우리는 자주 어떤 유적지. 유명한 미술관, 성 같은 것을 보러 떠나지만, 땅 자체를 보러 가는 일은 많지 않은 것 같습니다.

그러나 세상의 풍경 중에서 최고의 풍경은 그저 땅, 그저 흙. 그 자체만으로 아름다운 곳이 아닐까 합니다. 스코틀랜드 하이랜드나 아이슬란드 같은 곳 말이죠. 가공되지 않은 산과 바다, 구릉 지대는 세상사에 찌든 이에게 더할 나위 없는 위로가 됩니다. 국내에서도 하이랜드 못지않게 아름다운 땅을 발견하고야 말았으니 제겐 굴업도입니다.

섬엔 차를 갖고 들어가는 게 좋은 섬이 있고 차를 갖고 가지 않는 게 좋은 섬, 혹은 차를 갖고 들어갈 필요가 없는 섬이 있습니다. 굴업도는 차가 필요 없는 섬입니다. 언택트가 일반화되면서 한적한 곳들이 주목받고 있습니다. 너무 유명한 섬보다는 신안이나 통영, 여수 앞바다의 작은 섬이나 동네 앞산처럼 각자 자기만의 루트를 만들고 찾게 된 것은 어쩌면 코로나 시대라는 환경 변화가 가져다준 고마운 발견인지도 모르겠네요.

우리나라엔 무려 4천여 개의 섬이 있고, 그중에 무인도를 제외하고 사람이 사는 섬도 400여 개에 이른다는 사실을 알고 계셨나요? 교과서에서나 봤던 다도해라는 표현, 삼면이 바다인 우리나라에 이토록 아름다운 섬들이 보석처럼 박혀있다는 것을 새삼 알아갑니다. 그걸 발견해내고 지켜갈 의무가 있다는 것도요.

배를 갈아타고 가야 하는 굴업도

늘 느끼는 것이지만 배를 한 번 타고 들어간 섬과 두 번 갈아타고 들어간 섬의 느낌은 전혀 다릅니다. 깊이 들어간 만큼 보상은 분명합니다. 굴업도는 국내 섬이라기엔 굉장히 이국적인 아름다움을 지니고 있습니다. 야생 사슴이 뛰놀고 키 큰 나무 밑엔 백패커의 텐트가 그림같이 자리 잡고 있습니다. 아침 일찍, 온몸을 바다 한가운데로 던져버

11

릴 기세로 달려드는 바람과 싸우며 개머리 언덕에 오르면 생전 처음 보는 풍경이 펼쳐집니다.

바람과의 사투를 멈추고 절벽 끝에 앉아봅니다. 잠시 여기가 어딘가 싶어지며 아득해져 옵니다. 여기는 그저 바다, 그저 절벽. 상상하기에 따라 남극의 끝, 혹은 서쪽의 끝, 혹은 세상의 끝입니다. 바다는 그게 좋은 것 같습니다. 동쪽이든 서쪽이든 남쪽이든 북쪽이든 상관없이 그저 다 같은 바다. 세계의 끝일 뿐 국내 해외를 따지지 않습니다.

원형의 섬

인천 덕적도에서 배를 한 번 갈아타고 들어가야만 닿을 수 있는 굴업도는 접근하기가 쉽지 않은 덕분(?)에 우리나라 유인도 중에서 원형

이 가장 잘 보존된 섬으로 꼽힙니다. 덕적도의 파도막이 섬. "사람이 엎드려서 일하는 것처럼 생겼다."고 해서 붙여진 이름 굴업도. 그러고 보니 개머리 언덕에 올라 내려다 본 섬의 전경은 정말 사람이 모로 누워있을 때 모습처럼 완만한 곡선의 아름다움을 지니고 있네요. 가파르지 않으니 마음까지 평온해집니다.

8~9천만 년 전 중생대 백악기 말의 격렬한 화산활동의 산물이라는데 천만단위가 넘어가면 뭐든 가늠이 잘 되지 않습니다. 전형적인 문과생인 저는 그냥 퉁쳐서 '아주 오래된 섬' 정도로 기억하렵니다. 거듭된 화산활동의 자취와 바위가 갈라져 부서지고 녹아내린 침식의 역사가 고스란히 남아있습니다.

굴업도에는 숙소가 몇 개 없습니다. 2020년 여름 기준, 12가구 21명이 거주하고 있으며, 겨울철에는 단 2가구만 남을 만큼 외진 곳입니다. 배에서 내려 숙소로 향하니 작은 마을이 눈에 들어옵니다. 벽화도 그려놓은 아담하고 예쁜 마을입니다. 몇 개 안 되는 민박집은 단체를 위한 큰방을 갖고 있고 개별 펜션도 있습니다.

출출함을 달래려 컵라면 하나 먹고 섬 구경을 나섰습니다. 같이 배를 탔던 백패커들은 다 어디로 숨어든 걸까요? 보이지가 않습니다. 그런데 신기하게도 다음 날 아침 배가 도착할 시간이 되면 섬 구석구석에 둥지를 틀었던 사람들이 새처럼 휘익하고 등장합니다.

당일치기는 어차피 불가능하니 자기 침대를 등에 지고 다니지 않는 여행자라면 숙소 예약은 필수입니다. 먹을 것도 풍족하지 않아서 귀차니스트라도 먹을 걸 좀 준비해가야 하는 곳이기도 합니다. 덕적도에서 배를 갈아탈 때 간단한 먹거리를 사는 것도 방법입니다. 미리 예약을 하고 갔는데 펜션 주인은 아침 일찍 인천에 나가야 한다며 아침밥을 챙겨줄 수 없다네요. 대신 옆 식당에 얘기해 놓았으니 가서 먹으랍니다. 작은 생선 한 토막과 두세 가지 반찬, 미역국이 전부인 간소한 상차림입니다. 돌아오는 길 해변에 뒹구는 쓰레기에 맘이 쓰였습니다. 모쪼록 굴업도가 본래 모습을 오래 간직한 에코 섬으로 남아있어주길 바라는 마음입니다.

길 없는 숲에 기쁨이 있다.
외로운 바닷가에 황홀경이 있다.
아무도 침범하지 않는 곳 깊은 바다 곁
그 함성의 음악에 사귐이 있다.
난 사람을 덜 사랑하기보다
자연을 더 사랑한다.

— 로드 바이런 —

There is pleasure in the pathless woods
There is rapture on the lonely shore
There is society, where none intrudes
By the deep sea, and music in its roar
I love not man the less, but nature more....

— Lord Byron —

Travel Tips

✓ 여행 루트

전체 주민이 20명이 채 되지 않는 작은 섬 굴업도는 트레킹하기 좋다. 주요 포인트로는 덕물산, 연평산, 개머리언덕, 토끼섬, 코끼리바위 등이 있으며 굴업해수욕장과 목기미해수욕장 2개의 해수욕장도 있다. 자연 그대로의 넓은 목초지대, 다채로운 해안선, 산 위에서 바라보는 섬과 바다의 풍경 등이 아름다워 사진작가나 백패커들의 성지로 불린다.

굴업도 해변에서 개머리언덕을 넘어 낭개머리에 오르는 코스는 이국적인 풍광과 야생 사슴을 함께 볼 수 있는 코스. 낭개머리 코스에는 비박 포인트가 여러 군데 있다. 모기미해변을 둘러보고 덕물산이나 연평산을 오르는 코스도 있다.

✓ 굴업도 가는 방법

인천 연안여객터미널에서 덕적도를 거쳐 굴업도로 간다. 나래호는 굴업도뿐만 아니라 덕적도 주변의 섬들을 차례대로 돌면서 운항한다. 홀수 날, 짝수 날 각각 운행순서가 다르다. 배 타는 시간을 한 시간 가량 줄이고 싶다면, 홀수 날 들어가서 짝수 날 나오는 것을 추천한다.

* 홀수일 : 덕적 → 문갑 → 굴업 → 백아 → 울도 → 지도 → 문갑 → 덕적
* 짝수일 : 덕적 → 문갑 → 지도 → 울도 → 백아 → 굴업 → 문갑 → 덕적

한국해운조합 홈페이지에서 배 시간 조회 및 예약 가능(https://island.haewoon.co.kr)

✓ 굴업도 숙소 정보

캠핑을 하지 않을 경우 민박 추천. 굴업도의 대표적인 민박집으로 이장님댁과 장할머니댁이 있다. 숙박과 함께 백반(1인 당 만 원 내외)도 판매하고 생수 등 생필품도 구입할 수 있다. 예약 시 선착장에서 마을까지 트럭을 이용해 픽업 서비스가 제공된다. 마을까지 차로 5분, 걸으면 25~30분 걸린다. 민박집에서 식사를 원할 경우 반드시 미리 예약을 해야 한다.

*인천광역시청 홈페이지 참조

02 도 시 의 공 기 가
답 답 할 때

옹진 대이작도

옹진 대이작도

멀리 가지 않아도 인천 연안여객터미널에만 가면 언제고 아무 섬이나 갈 수 있고 그렇게 30분 혹은 두어 시간 뱃길을 따라가 닿은 곳은 저마다의 개성이 살아 있어 결코 실망하는 법이 없었습니다. 이렇게 가까이에서 바다를 느낄 수 있는데 왜 여태 모르고 살았나 싶기도 하고요.

인천에 사는 지인이 섬 번개를 쳤습니다. 아침 7시 50분에 출발한 배는 자월도, 승봉도를 거쳐 10시가 되어서야 대이작도에 내려주었죠. 두 시간 넘게 걸리는 느린 뱃길이니 좋아하는 음악쯤 담아가면 좋을 여행. 배 멍, 바다 멍에 정자 멍까지. 멍~~~ 때리기 좋은 섬. 대이작도입니다.

'섬마을 선생님' 촬영지

이작도라는 이름은 한자로 저 '이(伊)'에 지을 '작(作)'자를 씁니다. 임진왜란 때 피난 온 난민들이 돌아가지 못하고 이곳에 정착해 해적 생활을 하면서 붙은 이름이라네요. 대이적도, 소이적도로 불리던 것이 대이작도, 소이작도로 정착된 것이죠. 섬 가운데 자리 잡은 선착장은 강한 태풍이 불어도 쥐죽은 듯 잠잠하다고 합니다.

배에서 내리자 가장 먼저 눈에 들어온 것은 '섬마을 선생님' 노래비입니다. 영화를 몰라도 상관없습니다. 부아산으로 가는 길을 따라 영화 속 장면들이 벽화로 새겨져 있어서 걷다 보면 자연스레 스토리를 알 수 있습니다.

♪해~당화 피고지는~ 섬마을에~
철새따라 찾아온 총각 선생님
19살 섬색시가 순정을 바쳐
사랑한 그이름은 총각 선생님
서울~엘랑 가지를 마오 가~지 마오

구~름도 쫓겨 가는~ 섬마을에~
무엇 하러 왔는가 총각 선생님
그리움이 별~처럼 쌓이는 바닷가에
시름을 달래보는 총각 선생님
서울~엘랑 가지를 마오 떠나지 마오♪

나도 모르게 노래를 흥얼대며 걷게 됩니다.

1967년에 제작된 '섬마을 선생님'은 당대 최고 인기 배우였던 오영일과 문희가 출연한 영화입니다. 외진 섬마을에 교사로 부임해 온 청년 선생님이 무지한 섬 주민의 반대에도 불구하고 섬의 발전을 위해 노력한다는 계몽적 이야기와 함께 도시 총각과 섬 처녀의 로맨스를 그려냈지요.

이런 종류의 로맨스는 만국 공통인가 봅니다. 보지도 않은 영화가 익숙하게 느껴지는 건 이미자 선생님의 노래 때문이었던 것 같습니다. 영화 속에선 섬마을이 남해의 어느 낙도로 나오지만, 사실은 대이작도(계남분교, 문희소나무, 큰마을)가 촬영지라네요. 영화 스토리를 알고 보니 섬마을 풍경이 더욱 낭만적으로 다가옵니다.

섬마을 선생님 벽화를 지나니 왼쪽으로 오형제바위와 정자가 보입니다. 바위에는 효심가득한 형제들의 전설이 깃들어 있습니다. 백제시대 때, 물고기를 잡으러 바다로 나간 부모가 돌아오기를 기다리며 슬피 울던 형제가 죽어 망부석이 되었다는 전설이 담겨 있습니다. 그후로 오형제바위가 있던 곳에서 자주 사고가 일어났고, 마을 사람들은 해마다 마지막 날 기원제를 올리고, 오형제를 위한 제사도 지낸다고 합니다.

해발 159m의 부아산과 부아정마루, 삼신할미약수터와 구름다리

대이작도 한복판에 우뚝 솟은 부아산(負兒山)은 비류가 백제 건국을 위해 올랐다는 설화가 전해집니다. 삼국사기에 "서해안의 안산을 지나 미추홀을 거쳐 부아산에 올라섰다. 그리고는 먼발치의 지형을 탐사하고 비류와 온조, 열 명의 신하와 함께 새로운 왕조, 새로운 도읍지의 그림을 그렸다."고 나와 있을 정도로 기가 센 곳이라네요.

부아산이라는 이름의 해석에 대해서는 '아기를 업은 형상'이라는 설과 '백성을 품는다'라는 설이 있는데, 두 가지 해석에 상통하는 바가 있어 보입니다. 왕도터라는 전설이 전해질 정도로 영험한 기운이 넘쳐서 예로부터 건강과 출세, 후손의 점지를 기원하는 곳이라

송이산

구름다리

전망대
오형제바위

고 합니다. 정상의 빨간 구름다리는 길이는 짧아도 주변 섬들을 조망하기에 좋습니다.

팔각정자 부아정마루는 신발을 벗고 들어가야 하는 번거로움이 있지만, 자리를 잡고 앉으면 떠나고 싶지 않을 만큼 평화로운 전망을 선물합니다. 부아산 왼쪽으로 승봉도, 오른쪽은 사슴봉도라고 옆에 있던 분이 친절하게 설명을 해주십니다. 사슴봉도는 무인도지만 얼마 전 텔레비전 오락프로그램에 소개돼서 유명해졌다는 부연설명까지 곁들여 주시네요. 오른쪽으로 올라가면 부아산이지만 부아산 정상을 가는 대신 정자에서 멍 때리기를 택했습니다. 정자에서 바라보는 경치가 절경입니다.

이곳의 또 다른 명물은 삼신할미약수터입니다. 등산로 입구에서 왼쪽으로 안내판이 세워져 있고 찻길 옆 벤치엔 삼신할매가 아이를 안고 앉아있는 조형물이 있습니다. 약수터로 가는 계단을 따라 내려가면 숲 속에 샘터가 있고 보호각인 정자엔 사람들이 쉬고 있네요. 삼신할매약수터는 물맛이 뛰어나고 수량도 풍부해서 예부터 정화수로 사용되었다고 합니다. 이 물을 정화수로 사용하면 소원이 이루어지고, 삼신할머니가 아들을 점지해준다는 전설이 있다네요. 부아산 맞은편으로 버섯 송이처럼 생긴 산이 바로 송이산입니다. 바다를 배경으로 우뚝 솟은 송이산이 예뻐 카메라에 담아봅니다.

큰풀안, 작은풀안 해수욕장은 고운 모래로 이어진 백사장으로 길이가 2km나 되는 해변입니다. 물속을 한참 걸어 들어가도 깊이가 허리춤밖에 안 되어 가족 해수욕장으로 좋은 곳입니다. 파도가 잔잔해서 멍 때리기에 좋았습니다. 시간 가는 줄 모르다가 옆으로 난 해안 산책로를 걸어봅니다.

산책로 중간쯤 '대한민국 최고령 암석' 표지판이 보이길래 자세히 보니 그곳의 암석은 25억 1천만 년이나 됐답니다. 땅속 깊은 곳에서 뜨거운 열에 의해 암석 일부가 녹을 때 만들어진 혼성암이라고 하네요. 지하 15~20km 깊이에서 생성되었으며, 지금껏 우리나라에서 보고된 다른 기반암들의 나이(19억 년)보다 훨씬 오래된 것으로, 이 땅의 역사가 25억 년가량 되었음을 보여주는 것이랍니다.

역사적 의미와 중요성에 비해 너무 허술하게 관리되고 있다는 생각이 들었습니다. 세상은 넓고 우리 곁에 있는 것들조차 몰랐던 것투성입니다.

대이작도는 서쪽 바람이 불어다 주는 따스한 기온과 바다의 영향으로 여름은 선선하고 겨울은 온화해서 많은 배의 피항지가 되어주는 섬입니다. 소이작도와 대이작도 사이의 하트 모양의 항구는 천혜의 지형을 이루고, 여자를 상징하는 부아산과 남자를 상징하는 송이산 사이의 장골습지는 섬에선 보기 드문 습지입니다. 대이작도의 또 하나의 명물은 풀등 혹은 풀치라 불리는 곳인데요. 풀등은 썰물 때 3~5시간 나타났다가 밀물이 들면 사라지는 신기루같이 신비한 모래섬입니다.

땅도 아닌 바다도 아닌 시한부 모래섬에 가보고 싶어 배를 태워준다는 풀등펜션으로 갔습니다. 점심을 먹으며 풀등까지 갈 수 있냐고 물었는데, 아쉽게도 배에 문제가 생겨 갈 수 없다네요. 아쉬움이 남았지만 걸어서 숲과 마을, 정자와 구름다리, 바다와 데크 길까지 즐길 수 있는 섬. 작은 공간에 이토록 많은 전설이 새겨진 섬도 드물다고 생각했던 대이작도였습니다.

Travel Tips

✔ **대이작도 가는 방법**
대이작도 가는 배는 인천항 연안여객터미널과 대부 방아머리 선착장 두 곳에서 출항. 인천항 연안여객터미널-자월도-승봉도-대이작도-소이작도 경유. 대이작도까지 약 2시간 10분 소요(대부고속페리기준). 대부 방아머리 선착장에서는 1시간 40분 걸린다.

✔ **걸어서 대이작도 탐방 추천 루트**
선착장 → 매표소 → 섬마을 선생님 노래비 → 방파제 → 오형제바위 데크 길, 정자 → 이작1리 큰마을 → 이작분교 → 마을회관 → 보건진료소 → 대이작로 70번길 → 감로천(우물) → 이작 천주교회 → 팔각정자 → 빨간 구름다리 → 부아산 → 삼신할미약수터(포토존) → 작은풀안해수욕장 → 큰풀안해수욕장 → 풀등펜션식당매점 → 데크 산책로(최고령 암석) → 선착장

03 바 다 위 연 꽃

통영 연화도

통영 연화도

연화도 용머리해안

레분섬 고양이섬

섬을 기억하게 하는 요소들을 생각합니다. 발끝에 닿았던 고운 모래로 기억되는 섬이 있는가 하면, 작은 몽돌에 부딪히는 파도 소리로 기억되는 곳도 있습니다.

제게 연화도는 수국으로 가득한 작고 아름다운 섬입니다. 오후 늦은 시간 연화봉을 오르며 바라봤던 해가 저물어 가는 풍경과 해안 절경, 그곳에 어우러져 있던 길가의 수국은 바다와 꽃이 함께 어우러진 섬으로 연화도를 추억하게 합니다. 특히, 수국 무리 넘어 아른거리던 용머리 해안절벽이 가장 인상적이었습니다. 숙소가 몰려있는 선착장 오른쪽 끝부분에서 시작해 약 1.3km를 오르면 연화봉에 이르고, 주변에 펼쳐진 아름다운 한려수도의 비경과 연화도 제일의 절경인 용머리 일대가 눈에 들어옵니다. 용머리라는 명칭은 흔하지만 연화도 용머리 절벽은 통영 8경 중 하나입니다.

세계를 한 바퀴 돌고 돌아와 차근차근 국내를 여행하면서 생긴 습관 중 하나는 외국의 비슷한 곳을 자꾸 떠올리게 된다는 점입니다. 수국 가득한 연화도에서는 일본 홋카이도 북쪽에 있는 레분섬을 자주 떠올렸습니다. 봄이면 섬 전체에 야생화가 가득 피어 '꽃의 부도'라 불리는 레분섬은 오른쪽에 용 꼬리 대신 앙증맞은 고양이를 닮은 바위가 있다는 것이 좀 다르달까요?

통영항에서 남쪽으로 24km 해상에 있는 연화도는 '바다에 핀 연꽃' 이라는 뜻을 가진 섬답게 불교에 관한 이야기가 풍성합니다.

섬에 있는 절 연화사의 역사는 500여 년을 거슬러 올라가는데, 연산군의 억불정책으로 한양에서 피신해온 승려가 불상 대신 둥근 전래석을 토굴에 모시고 예불을 올리며 수행하다가 깨우침을 얻어 도인이 되었다고 합니다. 도인은 입적하면서 "바다에 수장 시켜 달라." 는 유언을 남겼고 유언에 따라 수장했더니 도인의 몸이 한 송이 연꽃으로 피어나 승화했다는 이야기. 그래서 섬 이름을 연화도로 하고 입적한 승려는 연화도인으로 불렸다고 합니다. 이후 사명대사가 연화도에 들어와 연화도인 토굴터 밑에 움막을 짓고 정진하다가 크게 깨달은 바가 있어서 대도를 이루었다고 전해지는데요. 지금도 토굴터와 사명대사가 먹었다는 감로수가 잘 보존되어 있습니다.

얼마 전 지인이 범선을 타고 이곳을 지나갔는데 선장님께서 연화도를 지날 때 반야심경을 틀어주셨다고 합니다. 타고 있던 배가 '반야용선(般若龍船)' , 즉 사바세계에서 깨달음의 세계인 피안의 극락정토로 중생들을 건네주는 반야바라밀의 배처럼 느껴졌기 때문이라네요. 그 선장님은 이곳을 항해할 때면 늘 반야심경을 트는데, 연화사와 보덕암의 부처님께 안전한 항해를 기원하는 나름의 의식이라고 합니다.

부처님의 숨결을 온전히 느낄 수 있는 연화사, 가파른 경사면에 지어져서 바다 쪽에서 보면 5층이지만 섬 안에서 보면 단층 건물로 보이는 보덕암, 연화봉 정상의 아미타대불과 섬 허리에 있는 5층 석탑에 이르기까지 연화도는 불교의 기운으로 가득합니다.

아미타대불

연화도 명물 출렁다리와 연화도와 우도를 잇는 309m에 이르는 국 내 최장 보도교, 고갯길을 넘어가며 내려다본 동두항의 고즈넉한 아름 다움에 감탄이 절로 납니다.

마침 6월이라 그런지 이 모든 감탄의 한가운데 수국이 있습니다. 꽃 이 장소를 차별하여 피는 것은 아니겠지만 자신을 최고로 빛나게 해주 는 장소는 있는 것 같네요. 수국이 수꾹수꾹 탐스럽게 피어있는 곳. 그 꽃이 섬과 어우러져 할 말을 잊게 하는 곳. 연화도는 언제나 아름답지 만 수국이 가득한 6~7월이 최적기 같습니다.

원래 다음날 가기로 했던 걸 하루 당겨 도착한 터라 숙소 주인에게 양해를 구하니 방이 없다네요. 이것 참 야단났다 싶은데 전화 한 통으 로 잘 곳을 알아봐 주십니다. 덕분에 옆집 이층을 통째로 차지했습니 다. 세상 가장 아름다운 노을을 볼 수 있었던 곳. 이장님이 온 동네 떠 나가라 트로트를 틀어놓고 주민들은 따라 부르는 곳. 캔 맥주 하나 들 고 바닷가에 앉아 트로트를 들으며 석양에 빠져듭니다.

연화항 마을 벽화

동두항

연화도 앞바다

출렁다리

국내 최장 보도교

Travel Tips

✔ 함께 가면 좋은 곳, 욕지도

통영 삼덕항에서 32km, 뱃길로 한 시간 정도 떨어진 연화도에 도착하기 전에 먼저 닿는 섬 욕지도는 '거북이가 목욕하는 모양'이라 해서 욕지라는 설이 있는가 하면, 유배지로 많은 사람이 욕된 삶을 살다 갔다고 해서 욕지로 불리었다는 설, '생(生)을 알고자(欲智)한다'는 화엄경의 구절에서 유래한 불교지명이라는 설도 있다. 일제가 식민지 침략의 전초기지로 삼았던 어업 전진 기지 중 하나로 수탈의 아픈 역사와 그 흔적이 선착장 근처 고등어 파시가 열렸던 자부포(자부랑개) 항구 근처에 남아있다. 고등어 양식장이 있어 고등어회가 유명하고, 고구마, 욕지 감귤, 해물 짬뽕, 욕지할매 바리스타가 타주는 커피도 명물. 욕지섬 모노레일로 탁 트인 풍경을 감상하거나, 잘 닦인 17km의 자동차 일주도로 드라이브도 좋다. 욕지도 비렁길과 숲길 걷기, 갯바위 낚시도 유명하다.

✔ 욕지도, 연화도 가는 방법

통영항 여객선터미널과 삼덕항(당포항)에서 매일 5회 이상 출항, 욕지도를 지나 연화도, 우도까지도 갈 수 있다. 차를 싣고 갈 수 있다.

통영항 여객선 터미널: 경상남도 통영시 통영해안로 234

통영 삼덕항: 경상남도 통영시 신양읍 원항1길3

욕지도 여객선 예약 사이트: http://www.yokjidoferry.com

✔ 연화도 여행 추천 루트

연화 선착장 → 쉼터 옆 등산로 → 연화봉 → 연화도인 굴터 → 보덕암 → 5층 석탑 → 출렁다리 → 동두마을 → 연화사로 이어지는 십리골길 트레킹 코스 추천.

연화도와 연결된 국내 최장보도교를 건너 우도까지 꼭 산책해볼 것.

✔ 통영 앞바다 비경 섬 3박 4일 여행 추천 루트

통영항 → 욕지도 → 연화도(우도) → 통영항 → 비진도

04

산호빛바다가
그리울때

통영 비진도

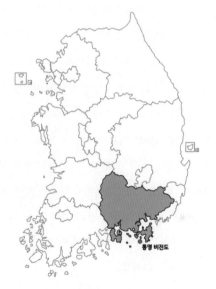

통영 비진도

비진도는 하늘에서 내려다보면 모래시계를 닮은 모양의 섬입니다. 잘록한 허리 부분 양쪽에 바다를 품고 있고, 곱고 보드라운 모래 백사장의 감촉은 걸어도 걸어도 행복함을 안겨줍니다. 외항에서 내항까지 천천히 걸어도 30분 정도 밖에 걸리지 않는 작은 섬이지만 등산도 가능하고 바닷가에서 수영도 즐길 수 있어 동남아의 휴양지 같은 느낌이 드는 섬입니다.

'미인도' 라는 닉네임이 붙은 비진도

열대 리조트를 연상시키는 한산하고 기다란 해변과 그 가운데에 무심한 듯 떠 있는 한척의 배는 태국의 크라비를 연상케 합니다. 함께 배를 타고 온 외국인 여행자들이 더해준 느낌인지도 모르겠습니다. 이국적 마을풍경과 카누가 놓여있던 펜션도 한몫했겠지요.

조선 시대 이순신 장군이 왜적과의 해전에서 승리한 보배로운 장소라는 뜻에서 붙여진 이름 비진도는 내항과 외항으로 나누어져 있습니다. 배도 두 군데서 여행자를 풀어놓기 때문에 어디서 내릴지 선택해야 합니다. 대부분의 등산객이 외항에서 내렸고, 저와 너덧 명의 외국인 여행자 무리만이 내항에서 내렸습니다. 외국인들은 잠시 멈추고 둘러서서 어디로 갈건지 의논하는 모양이네요. 어느 섬엘 가든 배에서 내리면 일군의 무리가 빠르게 흩어집니다. 정말 동작이 어찌나 빠른지 어~~ 하고 고개를 들면 사라지고 없어요.

비진도를 찾는 대부분 사람들은 등산이 목적입니다. 비진도 선유봉 정상에서 내려다보는 섬의 비경은 참으로 아름답겠지요. 그러나 저는 "바다에선 바다나 보자."는 쪽입니다. 서둘러 산에 올라갔다가 서둘러 내려와 배를 타기보다 어슬렁대며 마을도 기웃거려보고, 한적한 바닷가에서 '파도 멍'도 때리고 물이 차가운지 어떤지 발도 한번 담가보고, 그리 비싸지 않은 회도 한 접시 먹어보자는 주의입니다. 걷기도 좋지만 내항에 내려 외항까지 자그마한 언덕을 넘는 정도가 적당합니다.

내항 입구에 이 섬이 어느 오락프로그램에 소개되었던 곳이라는 팻말이 붙어있네요. 외항 쪽 바닷가를 향해 걸어 내려오다 보니 모래시계를 닮은 해변이 한눈에 들어옵니다. 환상적인 풍경에 감탄이 절로 나옵니다.

동서쪽으로 각각 바다가 있는데 서쪽은 백사장 동쪽은 자갈밭입니다. 여름이면 물이 맑아 스노클링, 제트스키, 바나나 보트도 즐길 수 있다네요. 아니나 다를까. 배에서 함께 내린 외국인 친구들이 웃통을 벗고 용감하게 바다에 뛰어들어 보지만 차가운 수온에 깜짝 놀란 듯 곧바로 튀어나옵니다.(6월 말 기준)

바닷가엔 식당과 펜션이 있고 민박을 하며 살아가는 마을 사람들의 모습도 정겹습니다. 배가 들어오는 시간에 맞춰 외항 선착장에 가니 민박집 주인들이 지난밤 묵었던 손님들의 짐을 싣고 배웅을 나왔네요.

봄이면 동백이 흐드러지고 여름엔 짙푸른 빛을 띠다가 가을과 겨울에는 맑고 푸근한 정취로 살아가는 섬. 이름도 아름다운 비진도 산호길을 걸으며 세상의 복잡함과 잠시 거리를 두는 것도 좋을 것 같습니다.

Travel Tips

✓ 비진도 가는 방법

통영 여객선터미널에서 비진도행 배를 타고 40분 정도 소요.

✓ 비진도 해수욕장 가는 길

내항에서 내려 외항까지 작은 언덕길을 넘으면 바로 비진도 해수욕장이 보인다.

대기점도 베드로의 집

신안 기점 · 소악도

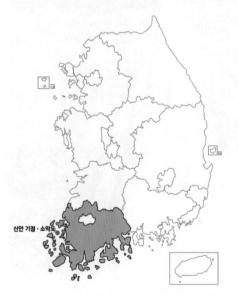

신안 기점 · 소악도

대기점도 · 소기점도 노둣길

세계 100여개 국가를 여행했다고 하면 사람들은 스페인의 그 유명한 '산티아고 순례길'쯤은 당연히 걸었을 거라고 생각합니다. 걷기를 좋아하는 편이지만 그렇게 오랜 시간을 들여 내내 걷기만 하는 일은 사실 엄두가 나지 않았어요. 그러던 중 여행자들 사이에서 낯선 이름 하나가 오르내리는 걸 들었습니다. 우리나라에도 순례길 비스무리한 곳이 생겼다는 거예요. 12km의 길에 12개의 작은 예배당이 있는 신안의 섬이라고 하더군요. 800km가 아니라 12km란 말이지? 그정도쯤은 나도 충분히 걸을 수 있겠다,는 자신감을 슬며시 꺼냈습니다. 그리고 몹시 덥고 유례없이 많은 비가 내렸던 여름 끝에 선선한 바람이 불어오기 시작할 무렵, 드디어 이곳을 '걸을' 결심을 했답니다.

'섬티아고'는 한 개 섬에 있는 것이 아닙니다. 작은 섬과 섬이 노둣길(만조 때 잠기고 간조 때 열리는 바닷길)로 이어져 있습니다. 물때가 안 맞을 땐 두 세 시간을 오도 가도 못할 수도 있겠구나 싶습니다. 숙소도, 식당도 많지 않아 보입니다. 이런 저런 걱정만 하고 있으니 일단 나서 보기로 합니다. 이런 걱정을 들키기라도 했을까요. 선착장 아저씨 말씀이, 마침 물때가 잘 맞아서 지금은 온종일 노둣길 걱정은 안 해도 된답니다.

신안군 증도면 병풍도에 딸린 섬 대기점도와 소기점도, 소악도, 진섬 등은 썰물 때만 이어져 하나가 되는데 이를 '기점 · 소악도'라

부릅니다. 이곳에는 베드로와 안드레아, 야고보, 요한, 시몬 등 예수의 12사도 이름을 붙인 예배당이 있는데, 12번째 가롯유다 예배당이 있는 딴섬에 이르는 순례길은 정말이지 예상했던 것보다 훨씬 아름다웠습니다. 가롯유다의 집이 있는 섬의 이름이 딴섬이라길래 장난인줄 알았더니 정말 이름이 딴섬이었어요. 아쉽게도 이곳 노둣길은 물에 잠겨 있어 멀리서만 보고 돌아서야 했답니다. 천천히 여유롭게 걷는데 4시간 정도 걸리네요.

다만, 이 루트는 다시 원점으로 돌아오는 게 아니라서 다시 선착장으로 오기까지 더 많은 시간과 에너지가 듭니다. 12km를 다 걷는 게 부담되거나 당일치기 여행을 원한다면 일부 구간은 자전거나 차를 이용하는 방법도 있습니다.

다양하고 저마다 독특한 모습을 자랑하는 예배당은 국내외 11명의 설치미술 작가들이 마을에 있던 재료들을 건축자재로 사용해서 지었다고 합니다. 모든 예배당이 다 인상 깊었지만 저는 산토리니 건물을 닮은 '베드로의 집'과 소기점도로 들어가는 노둣길 바로 앞에 있던 독특한 모양의 '필립의 집'이 가장 강렬했습니다.

예배당 앞에는 12사도의 이름 외에도 각각의 의미가 적혀 있는 작은 돌이 있습니다. 건강의 집, 생각하는 집, 그리움의 집, 생명평화의 집, 행복의 집, 감사의집, 인연의 집, 기쁨의 집, 소원의 집, 칭찬의 집, 사랑의 집, 지혜의 집. 이런 표식이 순례의 의미를 더해주는 기분이 드네요.

예배당 문을 열고 들어가니 겨우 한 두 사람 정도 들어갈 수 있는 작은 공간입니다. 뚫린 틈으로 쏟아져 들어오는 햇살이 은은한 조명이 되어줍니다. 둥글거나 혹은 사각모양의 창틀을 통해 바라보는 바깥 풍경은 세상에서 가장 아름다운 그림이라고 밖에 표현할 길이 없네요.

정갈한 제단에 무릎을 꿇고 소원을 빌어봅니다. 전 세계가 겪고 있는 고통의 시간이 하루 빨리 끝나기를. 세상이 평화로워지기를. 모두가 건강하기를.

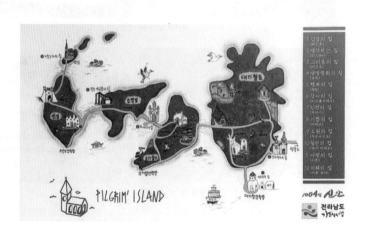

건강의 집(베드로)

생각하는 집(안

행복의 집(필립)

감사의 집(바르톨

소원의 집(작은 야고보)

칭찬의 집(유다

그리움의 집(야고보)

생명평화의 집(요한)

인연의 집(토마스)

기쁨의 집(마태오)

사랑의 집(시몬)

지혜의 집(가롯 유다)

신안 병풍도 맨드라미섬

Travel Tips

✓ 대기점도 가는 방법

대부분 압해도 송공리 선착장에서 대기점도로 들어간다. 1일 4회 운항. 병풍도를 거쳐 입도할 경우 지도 송도선착장, 증도 버지선착장, 무안 신월선착장에서도 배를 탈 수 있다.
1일 2~4회 운항.

✓ 숙박 및 식사

순례자의 섬 게스트하우스& 카페(신안군 증도면 소기점길 23-58)

소기점도에 마을법인이 운영하는 게스트하우스. 남녀 구별된 도미토리룸으로 1인당 2만원. 마을 민박은 2인 1실에 5만원. 카페는 마을 식당으로 운영되며 예약 없이 식사할 수 있다.

✓ 함께 가면 좋을 곳, 신안 병풍도 맨드라미섬

증도(지도 송도선착장)에서 출발해서 배를 타고 기점ㆍ소악도를 가기 전 병풍도에 내렸다. 지나가는 길이라 아무런 기대 없이 마주했던 병풍도는 입이 딱 벌어질 만큼 아름다운 꽃밭이 펼쳐져 있었다. 마치 북해도 비에이의 화려한 꽃밭을 보는 듯했다. 입구엔 맨드라미 섬이라는 표식과 함께 언덕 전체가 각양각색의 맨드라미꽃으로 덮여 있었다. 그냥 지나칠 수 없어 내려서 걸었다. 꽃밭들 사이로 12사도 조각상이 세워져 있다. 절벽이 병풍처럼 아름다워 병풍도라는 이름이 붙었다는 이곳은 젊은이들이 떠나고 남은 300여 명의 주민이 섬을 다시 살려내기 위한 아이디어로 맨드라미를 심었다고 한다. 아직 입소문이 나지 않아 한적한 맨드라미 섬을 즐기기엔 9월이 적기. 기점ㆍ소악도의 12사도를 만나러 가는 길이라면 병풍도의 아름다운 꽃밭 속 12사도도 만나보시길 추천한다.

증도 갯벌

06

생명에꼭필요한
것을찾아서

신안 신의도, 하의도, 증도

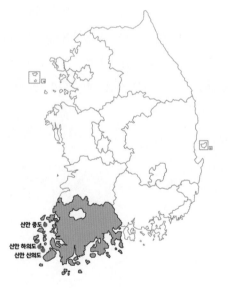

신안 증도
신안 하의도
신안 신의도

목포 앞바다 신안엔 많은 섬이 있습니다. 물이 들고 나는 데 따라 섬이 하나였다가 둘이었다가 하니 숫자를 명확히 세기도 어려운가 봅니다. 그렇게 세다 지쳐 붙여진 이름이 천사(1004개)의 섬, 신안! 신의도와 하의도, 증도를 시작으로 '한국의 섬티아고'로 불리는 대기점도와 아름다운 벽화가 있는 암태도, 온통 보라색으로 단장해서 인스타 성지로 떠오른 박지도, 반월도까지. 지금 이 순간에도 섬은 나날이 예뻐지고 있습니다. 화려하지 않지만 생명에 꼭 필요한 것들로 가득한 땅. 손 타지 않은 소박함과 거친 느낌이 있기에 숙소의 쾌적함쯤 양보할 수 있는 섬입니다.

무려 7km가 넘는 천사대교를 유유히 지나면서 많은 섬과 섬이 다리로 이어져 있다는 것이 새삼 놀라웠습니다. 이래서 섬의 개수를 명확히 알 수 없는 거였군요. 하루에 섬이 하나가 되었다가 둘이 되기도 하는 곳. 그래서 '노둣길'이라는 낯선 언어가 있는 곳. 신안은 한적하면서도 온갖 생물을 품고 있는 바다의 보고, 생명의 터전입니다.

찬란한 소금꽃이 피어나는 섬
신의도

"사람들 사이에 섬이 있다. 그 섬에 가고싶다." 는 표현처럼 섬이라는 말속엔 외로움, 고독감, 한적함 등 여러 가지 뉘앙스가 담겨 있습니다. 육지 사람들은 섬을 동경하는 반면 섬에 사는 사람들은 세계 어디든 상관없이 육지를 동경하는 모습을 보곤 합니다.

세계인이 꿈꾸는 신혼여행지 보라보라가 있는 타히티섬에 갔을 때였어요. 제가 묵은 리조트 수영장에 젊은 타히티 여성들이 와서 폴리네시안 춤도 배우며 신나게 놀았던 적이 있습니다. 그곳 현지 여성은 나이트클럽 입장료가 무료라고 해요. 이들의 꿈은 그곳에 오는 프랑스인을 비롯한 유러피안을 만나 그 섬을 벗어나는 것. 그들 중엔 유부남도 있고 그저 한 순간 즐기는 경우도 있지만 섬을 벗어날 수만 있다면 좋다는 거죠. 섬의 이중성. 누구에겐 천국, 누구에겐 벗어나고픈 감옥임을 그때 알았습니다. 천혜의 자연이니 힐링이니 하는 말도 가끔 방문하는 자의 낭만일 뿐 주민들에겐 그저 고단한 삶의 터전일 수도 있다는 것을 말이지요.

우리나라 대부분 염전은 서남해안에 자리하고 있고 그중에서도 전남 신안군은 우리나라 최대의 천일염 생산지입니다. 소금의 80%가 신안에서 생산되고 그중 약 40%가 신의도 산이라니 진정한 소금의 고향

이라 할 수 있겠네요. 이곳엔 대를 이어가며 토판염을 생산하는 우직한 박성춘 소금 장인이 있습니다.

지인이 신의도를 가자고 했을 때 솔직히 그 많은 섬 중에 왜 신의도인지 잘 몰랐습니다. 한 번도 들어본 적 없는 걸로 봐선 그다지 매력이 없다는 것일 텐데 왜 하필? 하는 의문을 품고 받아본 여행 일정엔 염전 고사를 볼 수 있고 소금을 캐는 염전 체험도 할 수 있다고 되어 있었어요.

염전이라고? 우리나라에 염전? 소금과 관련된 것이라고는 페루 쿠즈코 근처에 있는 살리네라스 염전을 가본 기억과 세계 곳곳에 펼쳐져 있는 거대한 소금호수들, 볼리비아 우유니 소금사막이나 호주의 핑크 소금사막 등이 떠오르면서 막상 우리나라 염전은 가본 적이 없다는 자각과 함께 호기심이 발동했습니다. 게다가 그냥 보기만 하는 게 아니라 소금 고사와 채취, 천일염으로 만든 어부의 밥상까지 맛볼 수 있다니, 덤으로 김대중 대통령 생가가 있는 섬까지 가본다니 이 기회를 놓칠 수가 없었죠.

세계적이라는 말에는 두 가지 뉘앙스가 있습니다. 하나는 세계와 겨루어도 손색없다는 것일 테고 또 하나는 다른 곳에는 없는 독보적인 것, 독창적이라는 의미입니다. 신의도와 관련하여 새롭게 알게 된 사실 중 하나는 2012년 8월 미국 CNN의 여행 전문 섹션인 CNN GO가 대한민국에서 가볼만한 섬 33곳을 선정했는데 인천 옹진군 선재도가 1위, 신의면 상하태도(신의도)가 2위를 차지했다는 사실입니다. "나만 모르고 있었네." 라는 표현은 이럴 때 필요하겠죠? 아는 만큼 보이고 모든 여행은 살아있는 배움을 줍니다. 이것이 여행의 이유이기도 합니다.

소금 농사 또한 다른 농사처럼 농부 마음대로 되는 것이 아니라 하늘의 뜻대로 되는 것. 바닷물을 염전에 가두고 바람과 햇볕을 쐬며 기다리는 게 일입니다. 물의 양을 조절하는 것은 사람이 하지만, 나머지는 모두 하늘에서 주는 것입니다. 그런 의미에서 신의도 여행은 전혀 관심을 두지 않았던 소금에 대해 배우고 체험하는 시간이었습니다.

소금장인은 건강을 위해 챙겨야할 것이 여럿 있지만 그중 좋은 소금을 먹는 것이 매우 중요하다고 말합니다. 그러고보니 우린 음식 맛에 대해서는 엄청 까다롭고 원료에도 까탈을 부리면서 정작 요리에 필수인 소금에 관해서는 관심이 없었던 것 같습니다. 전 세계적으로 갯벌에서 나는 천일염의 양은 0.01%로 아주 극소량이며 암염(岩鹽)이 많은 유럽이나 북아메리카의 소금과 달리 우리나라에서 생산되는 소금은 바닷물을 증발 시켜 만드는 천일염(天日鹽)입니다. 우리가 방문한 농장은 토판염도 같이 만들고 있었는데 다른 소금은 생산하기 쉽게 바닥에 합판을 깔고 다시 장판을 깔아 바닷물을 증발시키는 간지법을 쓰는 반면, 토판염은 염전에 있는 흙을 뒤엎고 바닷물을 담을 때마다 다시 롤러로 다진 후 채취하여 갯벌의 미네랄을 가능한 한 그대로 담아 낸다고 합니다.

전통방식으로 일 년에 한 번 갯벌을 뒤집고 다진 뒤 그 위에서 소금을 모으는 토판천일염 농사를 고집하는 곳은 전국에서 네 곳뿐이고, 그 중 하나가 바로 박성춘 장인의 염전입니다. 생산이 매우 까다롭고 힘들어서 많은 염부들이 토판을 포기하고 장판염이나 타일염으로 돌아서지만 그는 오늘도 우직하게 토판염을 만들고 있습니다.

정성으로 차린 고사상이 마련되고 토판천일염 박성춘 대표가 소금 풍년을 바라며 절을 올립니다. 그의 뒤를 이어 다른 가족도, 자리를 같이한 여행자들도 마음을 담아 동참합니다. 힘들고 힘든 소금 농사를 하면서도 사람에 이로운 전통방식으로 좋은 소금을 낸다는 자부심 덕분인지 장인 가족의 표정은 무척 밝습니다.

보통 장판염 염도는 30퍼밀(‰)까지 올라가는데, 갯벌 바닥 토판염은 25퍼밀에서 더는 올라가지 않는다고 합니다. 그래서 맨 소금을 집어 먹어도 많이 짜지 않고 미네랄이 풍부하여 오히려 단맛까지 느낄 수 있다네요. 땅 위의 토판염은 바다의 진주보다 더 값진 보석이라는 생각이 절로 듭니다.

체험이 끝나고 만난 어부의 밥상은 슬로푸드 그 자체. 꾸덕꾸덕하니 말린 농어구이에 처음 맛보는 비릿한 맛의 바위옷우무, 천일염으로 만든 묵은 김치는 건강해지는 맛 자체였습니다.

김대중 대통령 생가
하의도

신의도까지 갔다면 김대중 대통령 생가가 있는 '하의도'까지 가 보기를 추천합니다. 신의도에서 하의도는 연도교가 세워져서 차로 갈 수 있는데요. 생가 앞엔 천사의 섬이라는 걸 상징하듯 이름과 표정이 각기 다른 318개의 천사상이 일제히 서서 환영인사를 보내옵니다. 하 의도는 서해지만 동해처럼 모래사장으로 이루어진 경우가 많습니다. 특히, 모래구미 해수욕장은 일몰이 아름답기로도 유명해요.

추적추적 비가 내려 소금장인의 안내를 받아 차로 드라이브를 했습 니다. 해안선을 따라가며 연신 감탄하고 있는데 갑자기 해변 가에 차 를 세우더니 손가락으로 바다 한가운데 섬을 가리킵니다. '죽도'라 는 섬인데, 사람 얼굴과 똑 닮은 형상이네요. 국내외 할 것 없이 어디 든 특이한 바위가 있다하면 이런 저런 이름을 붙여 관광객을 유인합 니다만, 여기 큰바위얼굴(사자바위라고도 불린다고 함)처럼 사람을 쏙 빼닮은 바위는 처음입니다. 굵은 선의 이목구비가 동양인보다는 서양 인에 가깝네요.

어쨌든 이 바위를 두고 하의도 주민들은 오래 전부터 작은 섬에서 큰 인물이 날 거라고 말해왔다는데요. 여기 하의도에서 노벨평화상 을 수상한 김대중 대통령이 탄생한 건 과연 우연일까요, 필연일까요?

하의도 김대중 대통령 생가

죽도 큰바위얼굴

생명이 살아 숨쉬는 갯벌
증도

　신의도가 전통 염전 중심이라면 증도는 국내 최대의 염전과 박물관, 리조트까지 모든 것이 갖춰진 섬입니다. 멀리서만 바라봤던 갯벌을 다리 위에서 자세히 들여다 보니 지금까지 몰랐던 새로운 세상이 열리네요. 생명의 소중함을 깨워주는 땅, 증도가 매력적인 이유입니다.

　갯벌은 바닷물이 드나드는 바닷가나 강 하구의 편평한 지형으로 모래나 점토의 작은 알갱이들이 오랫동안 퇴적되어 형성된 모래갯벌, 펄갯벌, 혼합갯벌 등이 있는데, 증도는 펄갯벌입니다. 그간 세계 여러나라의 다양한 갯벌을 경험했지만 이렇게 큰 갯벌은 증도가 처음입니다.

　어패류, 낙지 등 주요 수산자원과 도요물떼새 등 다양성의 보고이며 강하구로 배출되는 오염물질 정화, 홍수 및 태풍 피해를 감소시켜주는 기능도 합니다. 조개류, 연체동물, 해조류, 어류 등 잠시만 바라봐도 셀 수 없이 많은 생명이 살아 숨 쉬는 곳임을 알 수 있습니다.

물과 공기만큼이나 생명에 꼭 필요한 소금에 대해 제대로 알려고 해본 적이 없었던 것 같습니다. 모든 생명체는 생명을 유지하기 위해 소금을 꼭 섭취해야 하는데 바로 '미네랄' 때문입니다. 미네랄은 우리 몸의 삼투압 조절, 신경 전달 등에 영향을 미치기 때문에 소금 공급이 원활하지 못하거나 질 낮은 소금을 먹게 되면 각종 생리현상에 장애가 생기게 됩니다.

천일염은 청정한 바닷물을 햇빛과 바람에 농축시켜 만든 것으로 우리 몸에 필요한 88개의 풍부한 천연 미네랄을 함유하고 있습니다. 인공염 대신 천일염만 먹어도 몸이 건강해지는 이유가 바로 여기에 있다네요. 증도에 있는 140만 평 규모의 태평염전은 1953년부터 천일염을 생산해온 국내 최대의 염전으로 문화재청이 지정한 근대문화유산(등록문화재 제360호) 입니다. 급속한 산업화와 수입 소금의 범람으로 천일염이 외면 받을 때도 꿋꿋한 장인정신으로 지켜왔을 뿐 아니라, 이를 지키기 위해 인근 생태 환경을 가꾸는 노력도 꾸준히 해오고 있습니다.

증도에 왔다면 꼭 들어봐야 할 곳이 소금박물관입니다. 태평염전의 소금박물관은 1953년 염전 설립 초기에 지어진 석조 소금창고를 리모델링해서 지은 것으로 우리나라에 남아있는 유일한 석조창고라고 합니다. 아름다운 외관은 물론 내용도 알차고 이해하기 쉽게 꾸며져 있습니다.

박물관 관람 후엔 바로 앞에 있는 소금항 카페나 아이스크림 가게에서 다른 곳에서는 맛볼 수 없는 소금아이스크림, 함초차를 맛보고 나무 데크가 잘 조성되어 있는 염생식물원에서 함초, 칠면초 등 소금기 많은 땅에서만 자라는 식물들을 관찰해보는 시간도 가져봅니다. 증도 여행은 자동차 드라이브로도 그만이지만 곳곳에 설치된 자전거를 대여해서 달리기에도 더없이 좋고 편리한 곳입니다.

▶증도 소금박물관, 태평염생식물원
전라남도 신안군 증도면 대초리 1648-21

증도에 들어서면 가장 먼저 만나게 되는 곳이 짱뚱어 다리입니다. 짱뚱어 모형의 동상이 있는 이 다리를 건너는 동안 양쪽으로 펼쳐지는 갯벌 풍경은 도시인에겐 그저 신비롭기만 할 뿐입니다. 생태에 대한 특별한 지식이 없어도 갯벌이 왜 '생명의 보고'로 불리는지 알 것만 같습니다. 때 묻지 않은 천혜의 자연환경으로 2007년 12월1일, 아시아 최초 슬로시티로 지정된 증도의 명물 짱뚱어 다리는 갯벌 위에 떠 있는 470m의 목교로 갯벌 생물을 관찰할 수 있도록 조성되었습니다.

짱뚱어는 보기엔 우스꽝스럽지만 청정 갯벌에서만 살 수 있는 귀한 생물입니다. 갯벌을 바라보고 있으면 짱뚱어와 농게, 칠게, 갯지렁이, 조개 등 각종 바다 생물이 펄떡이며 숨을 쉬는 소리가 생생하게 들립니다. 갯벌 체험을 해보기에 이보다 더 좋은 장소도 없을 것 같습니다. 특히, 목교에서 바라본 일몰은 가히 인생노을이라 할 정도로 장관이었습니다.

짱뚱어 다리를 건너면 짱뚱어 해변에 닿습니다. 길게 펼쳐진 파라솔이 동남아 어디에 있는 듯 이국적인 느낌을 주는 이 해변은 캠핑과 차박러들에게 성지라 불리는 곳이라네요. 짱뚱어 다리가 있는 짱뚱어 해수욕장에서부터 엘도라도 리조트와 신안갯벌센터가 있는 우전 해수욕장까지 무려 4km가 넘는다고 합니다. 서해안이지만 왠지 서해안 같지 않은 이국미 가득한 바다입니다.

Travel Tips

✓ 신의도 가는 방법

목포 여객선터미널에서 신의도행 배 이용

✓ 신의도, 하의도 여행 추천 루트

신의도에 갔다면 바로 옆에 배를 타지 않고 차로도 갈 수 있는 섬, 하의도 관광 역시 필수 코스다. 김대중 대통령 생가를 둘러본 후 사람의 얼굴을 닮은 섬 죽도, 큰 인물이 날 것을 예견했다는 곳에서 자연의 신비를 경험해보자.

✓ 신의도, 토판염

박성춘 토판천일염: 전남 신안군 신의면 상서길 468-108

✓ 증도 가는 방법

영광, 무안에서 다리로 연결되어 있어 자동차로 갈 수 있다.

✓ 증도 여행 추천 루트

짱뚱어 갯벌보호지역(짱뚱어 다리, 짱뚱어 해변) → 증도 태평염전 → 소금박물관 → 소금항 카페 → 태평염생물원

✓ 증도 추천 숙소

엘도라도리조트: 전라남도 신안군 증도면 지도증도로 1766-15

✓ 신안 신의도, 하의도, 증도 3박4일 염전 갯벌 여행 추천 루트

목포항 → 신의도 토판염전 → 하의도 김대중 생가 → 하의도 큰바위얼굴 → 신의도-목포항 → 증도 태평염전 → 태평염전 소금박물관 → 태평염생식물원 → 엘도라도리조트(숙소) → 우전 해변 → 장뚱어 다리 → 짱뚱어 해변 → 증도 왕바위 여객터미널 → 천사대교 → 목포

✓ 신안섬 자전거길

태평염전에서 화도 노둣길까지 4km, 해저유물발굴기념비까지 14.5km의 평화로운 자전거길이다. 곳곳에 마련된 자전거 대여소에서 대여 가능하며 구글앱에서 신안스마트투어를 검색하면 지도를 다운받을 수 있다.

07

역 사 와 평 화 의 섬

강화 교동도

강화만큼 우리나라 역사 속에서 한 많은 사연을 담고 있는 곳도 드물 것입니다. 고려궁지를 비롯한 진, 보, 돈대 등 이름도 낯선 유적지들을 다니다 보면 몽골 침략부터 구한 말 열강들의 침략, 한국 전쟁까지. 전쟁의 아픔을 온몸으로 겪어낸 상처들이 아프게 다가옵니다. 지금도 북한 땅을 눈앞에 두고 날마다 눈물짓는 실향민들이 사는 애환의 섬 강화 교동도는 긴 역사 속에서 한 나라의 운명과 개인의 삶이 어떤 굴곡을 거쳐 왔는지 되새기게 되는 길입니다.

북한 땅이 코앞에 보이는 곳

경기 서쪽에 살면서 강화 전등사, 보문사, 석모도 온천 등은 가봤지만 교동도는 처음이었습니다. 2014년 7월 교동대교 개통으로 서울에서 차로 한 시간이면 닿을 수 있어 당일치기 여행으로도 적당한 곳입니다. 바로 2km 앞이 북한 땅으로 섬의 북쪽 말탄 포구에서는 북한 땅연백군이 손에 잡힐 듯 가깝습니다. 6.25 당시 황해도에서 피난 왔다가 돌아가지 못한 실향민이 3만여 명에 이르렀으나 지금은 다 떠나고 3천여 명 정도만 남아있습니다.

전쟁의 아픈 기억으로 남아있는 이 섬은 알고 보면 고구려 시대부터 이어져 온 역사가 담긴 곳입니다. 정전협정으로 보면 한강하구 남북공동의 평화수역이고, 긴 역사 속에서 보면 송나라 사신단이 숙박하던 사신관이 있는 곳이자 고려 시대 유적인 교동향교와 교동읍성이 있는 곳, 한마디로 해양과 육상의 역량이 종합적으로 교차하던 전략 지역입니다.

고구려 시대에는 '고목근현'으로 신라 경덕왕때에는 '교동현' 이라는 지명으로 개칭되었고 고려 시대에는 벽란도로 가는 중국 사신들이 머물기도 했던 국제교역의 중요한 기착지. 이로 인해 조선 시대 인조 11년(1633년)에는 삼도수군통어영을 설치하여 경기, 충청, 황해 도까지 전함을 배치하는 해상 전략적 요충지로서 역할을 톡톡히 해냈 습니다. 바닷가에 서니 한적한 어촌의 풍경과 함께 사신이 드나드는 모 습이 겹쳐집니다. 역사적 상상을 자극하는 여행길입니다.

서해 최북단 다리, 교동대교

교동대교는 강화군 양사면 인화리와 교동면 봉소리를 연결하는 3.44km의 연륙교입니다. 우리나라 서해 최북단 다리로, 날씨가 좋을 때는 대교를 건너는 동안 바다 위에 아름답게 펼쳐진 강화도와 북한의 모습도 조망할 수 있습니다. 민간인 출입통제구역으로 관할부대의 통제를 따라야 하고 관광객을 출입증을 받아야 통행할 수 있으니 신분증을 꼭 지참하세요.

우리누리평화운동본부

교동도에서 가장 먼저 들른 곳은 사단법인 우리누리평화운동본부입니다. 교동 초등학교 앞에 위치한 이곳에서 교동의 역사와 아픔, 앞으로의 희망에 대한 이야기를 들을 수 있습니다. 설명을 다 듣고 나니 가슴 한쪽이 아프면서도 한편으로는 미래에 대한 희망이 차오르는 기분이었습니다. 많은 청소년들이 이곳에 와서 역사를 알고 미래에 대한 계획도 세웠으면 하는 바람을 안고 대룡시장으로 향했습니다.

피난민의 애환이 담긴 곳, 대룡시장

대룡시장은 한국전쟁 때 피난민이 임시로 머물던 수용소가 있던 곳입니다. 바다 건너 황해도 연백군에서 교동도로 잠시 피난 온 주민들이 한강 하구가 분단선이 되어 다시 고향에 돌아갈 수 없게 되자 오매불망 고향으로 돌아갈 날을 그리며 모여 살던 곳입니다. 그러나 통탄스럽게도 약소국의 운명은 강대국의 손에 의해 두동강이 나버렸고 세월이 흐르면서 많은 분들이 운명을 달리하거나 하나둘씩 떠나면서 인구가 많이 줄었습니다.

점점 비어가는 골목길에 자리를 잡은 것은 다름 아닌 제비였습니다. 철따라 한반도를 오가던 제비들이 실향민의 마음을 알아주기라도 하듯 교동도에 보금자리를 틀었고 그 흔적이 대룡시장 입구 교동이발관 간판 위에 남아 있습니다.

50년 간 교동도 경제발전의 중심지였던 대룡시장은 최근 레트로 열풍이 불면서 지금은 주말마다 관광객들이 몰려드는 곳이 되었습니다. 영화 세트장 같은 풍경을 경험하고픈 사진가들과 여행자들의 사랑을 받게 된 것이죠.

　대룡시장 입구에서 만난 정감어린 벽화들이 따스한 미소로 인사합니다. 교동이발소, 교동다방, 교동극장에 옛날 영화 포스터도 걸려 있어 1970년대에 머무는 듯한 착각이 듭니다.

　교동에서만 맛볼 수 있는 음식들과 간식거리도 많고 야채로만 국물을 낸 냉면도 별미입니다. 자그마한 시장이라 돌아보는데 많은 시간이 걸리진 않지만, 커피도 한 잔하고 길거리 간식도 먹으며 천천히 돌아보노라면 시간가는 줄 모르게 됩니다.

정겨운 풍경이 담긴 벽화들, 교동이발소, 교동다방, 교동극장
옛날 영화 포스터 등이 레트로 분위기를 자아내는 대룡시장.

교동교회(교동면 교동남로 432)

코카서스의 어느 오래된 교회를 연상시키는 이곳은 주변에 핀 야생화가 운치를 더해줍니다. 1900년대 초반부터 시작돼온 교동도 개신도의 역사를 이어오고 있습니다.

남산포(교동면 읍내리 698)

진망산(남산)밑에 있는 남산포는 고려 시대에 중국을 오가는 사신들이 드나들던 곳입니다. 송나라 사신이 왕래할 때 배가 무사히 오가기를 바라며 제사를 지냈던 사신당도 잘 보존되어 있고, 인조11년(1633년)엔 삼도수군통여영(경기, 황해, 충청)이 설치되면서 군사용으로 사용되었던 함선계류석의 흔적이 남아있습니다.

월선포(교동면 교동남로 466)

교동대교가 개통되기 전까지 하정면 창후리 선착장에서 교동을 오가는 배를 타던 곳으로 교동도의 관문이자 강화나들길 9코스(교동 다을새길)의 시작점. 월선포에서 바라보는 교동대교와 강화본도의 모습이 장관을 이루는 곳입니다.

교동향교(교동면 교동남로 229-49)

고려 충렬왕 12년(1286년) 안향이 원나라에서 돌아오는 길에 최초로 공자상을 들여와 모신 곳으로 공자의 신주와 유헌들의 위폐를 모시는 대성전, 유생들이 배움을 익히던 명륜당과 기숙사인 동서재, 제수용품을 보관하던 제기고 등이 잘 보존되어 있습니다. 조선시대 선정을 펼쳤던 교동 목민관의 선정비 40기가 소나무 숲 배경으로 운치 있게 서 있습니다. 인천광역시 유형문화재 28호.

교동교회

화개산/화개사/화개산성(교동면 고구리 산145 일원)

해발 260여m 밖에 안 되는 산이지만, 고려 시대 '목은 이색'이 전국 8대 명산으로 꼽은 곳으로, 정상에 오르면 북한 황해도 연백 평야를 비롯한 예성강 하구, 송악산이 한눈에 보이며 남쪽으로는 석모도까지 조망할 수 있습니다. 고려 때 창건된 것으로 추정되는 화개사는 내외성을 갖춘 병력집결지이며, 적의 침입을 방어하기 위해 지은 화개산성도 들러보면 좋습니다.

연산군유배지(교동면 고구리 산233)

중종반정으로 폐위된 연산군이 죽음을 맞이할 때까지 유배된 곳.

망향대(교동면 지석리 산129)

남북분단 이전, 교동도와 연백군은 같은 생활권으로 왕래가 잦았던 곳입니다. 6.25 전쟁으로 북한의 연백군(현재 연안군, 배천군)과 황해도에서 온 피난민들이 돌아가지 못하게 되면서, 실향민들은 이곳에 비석을 세우고 해마다 제사를 지낸다고 합니다.

고구저수지 옆에서 하룻밤
(고구저수지 펜션, 교동면 교동동로 408-16)

여름이면 아름다운 연꽃이 장관인 고구저수지는 사시사철 낚시가 가능합니다. 서울에서 멀지 않은 곳에서 하룻밤 묵으며 개구리 소리를 듣노라면 아주 먼 곳으로 여행 온 것 같은 기분이 드는 곳입니다. 이른 아침 저수지 위로 가득 피어오르는 안개를 보며 커피 한 잔에 '안개 멍'을 즐기는 것도 좋겠습니다.

강화 광성보(불은면 덕성리 833)

교동도에서 강화로 나오는 길에 광성보에 들렀습니다. 강화에 이렇게 많은 유적지와 산성이 있다는 것이 새삼 놀랍습니다. 광성보는 강화해협을 지키던 중요한 요새로, 고려가 몽골의 침략에 대항하기 위해 강화로 천도한 후 돌과 흙을 섞어 해협을 따라 길게 쌓은 성입니다. 조선 광해군 때 재정비하고, 1679년에 완전히 축조된 것으로 1871년 신미양요 때 이재연 장군 등이 치열하게 항거하였으나 열세한 무기로 인해 전원 순국한 가슴 아픈 역사가 서린 곳입니다. 광성돈대, 용두돈대, 손들목돈대, 신미양요 순국 무명용사비와 신미순의총, 쌍충비각 등을 돌아보노라면 역사의 치열함이 전해져 옵니다.

대한성공회 강화성당(강화읍 관청리 336)

국내 최초 한옥 성당인 성공회 강화성당은 외부는 한옥, 내부는 바실리카 건축양식으로 된 세계 어디서도 볼 수 없는 독특한 건축미를 만날 수 있는 곳입니다. 기둥으로 중앙과 양측의 공간을 나누어 작지만 성당 내부의 장엄함을 살린 전형적인 바실리카 건축양식으로 경기도 유형문화재 선정에 이어 국가지정문화재(사적 제424호)로도 지정되었습니다. 1900년 축성된 곳에서 미사를 드리는 장면은 마치 구한말 드라마 세트장을 보는 것 같습니다. 기독교가 우리나라에 처음 들어왔을 당시, 우리에게 친숙한 사찰 양식으로 지어졌을 이곳에 들어서자 성가가 울려퍼지고 있었습니다. 그 분위기에 젖어 성당 내부의 장식과 사진들을 보노라면 마치 그 시대에 서 있는 듯한 기분이 듭니다.

성마루에 높게 자리 잡은 배 모양의 성당 터는 250여 명의 신자를 수용할 수 있는 규모로 구원의 방주로서의 역할을 상징적으로 표현하고 있습니다.

건물의 응장함과 견고함을 위해, 수령 백 년 이상의 적송을 조마가 신부가 직접 신의주에서 구해서 뗏목으로 운반해왔다고 전해지며, 세례를 받는 세례대와 1900년 축성식 순행 당시에 사용된 베드로 천국의 열쇠, 바오로의 성령의 검을 수놓은 교회기가 있습니다. 성당 좌우편에 불교와 유교를 상징하는 보리수나무와 회화나무를 한그루씩 심었으나 회화나무는 2012년 태풍에 소실되어 손 십자가로 제작하여 공급하고 있다고 합니다. 교회 입구 바로 앞에 있는 종은 범종의 형태로 1989년 교우들의 봉헌으로 제작된 것이라고 합니다. 1914년 영국에서 기증한 것은 1944년 일제에 징발 당했다고 하네요.

성당 축성 100주년 기념비와 한옥 사제관, 성당 아래쪽에 위치한 강화도령, 철종이 어린 시절 살았던 용흥궁도 함께 둘러보면 좋습니다.

대한성공회 강화성당 내외부

전곡리 선사유적지

08

아이와 함께 떠나는
역 사 산 책

연천 호로고루성,
전곡리유적지

신선한 공기조차 마음껏 들이켤 수 없는 시대. 어른도 힘들긴 마찬가지이지만, 아이들이 무슨 잘못인가 싶어 한없이 미안해집니다. 경기 북부엔 정말이지 언택트에 딱 맞는 장소들이 모여 있는 것 같습니다. 어디를 가더라도 북적이지 않고 나지막한 산과 계곡은 그간 잔뜩 굳어 있던 어른과 아이 마음에 잠시 평화로움을 안겨줍니다.

아이들과 마음껏 뛰어놀 수 있으면서 재미있는 역사 공부가 저절로 되는 곳, 연천의 호로고루성과 전곡리 선사유적을 소개합니다.

역사적 의미가 깊은 호로고루성은 해마다 9월이면 거대한 면적의 통일바라기 해바라기 꽃밭이 장관을 이룬다. 노을 사진 경연대회도 열려 일반인은 물론 사진작가들이 사랑하는 명소이다.

고구려의 기상을 느끼는 시간
연천 호로고루성

　국가가 형성되면서 적으로부터 영토를 지키기 위해 동서양을 막론하고 많은 성을 쌓았습니다. 적으로부터 방어가 목적이다 보니 많은이의 희생도 있었지만, 탄탄하게 만들어진 성은 오늘까지도 굳건하게남아 역사를 증명해주고 있습니다. 유럽이나 일본의 성이 좁고 폐쇄적으로 설계된 것에 비해 우리는 자연 지형을 최대한 이용해 성을 축조하여 노동력을 최소화하고 외적 방어라는 기능에 충실하면서도 거주자들의 소통을 염두한 것이 특징인데, 대표적인 것이 호로고루성입니다.

　강화에서 파주, 연천을 거쳐 양구, 고성에 이르는 5박 6일의 휴전선횡단 여행에서 알게 된 낯선 이름 호로고루성은 많은 이들이 접해보면좋겠다는 생각이 절로 드는 인상 깊은 곳이었습니다.

　광개토대왕, 장수왕이 한때 충주까지 진출하면서 유적비를 남기긴했지만, 고구려 문화의 핵심 지역이 대부분 북한에 있어서 남한에서고구려의 흔적을 찾기가 쉽지 않습니다. 연천군은 그나마 고구려의 영향이 가장 오랜 시간 이어진 곳으로 다양한 문화유산이 남아있습니다.호로고루성, 당포성, 은대리성 세 곳의 성터에서 고구려인의 강대한기상을 느껴보시기 바랍니다.

　호로고루. 중국에 있는 성인가, 싶어지는 이름은 이 부근의 지형이 표주박처럼 생겼다고 해서 지어졌다는 설, 고을을 뜻하는 '홀, 호르'와 성을 뜻하는 '구루'가 합쳐졌다는 설이 전해옵니다. 개성과 서울을 연결하는 길목 원당리에서 임진강으로 유입되는 지류로 생긴 28m의 현무암 대지 위에 조성된 성은 조수 간만의 영향을 받는 구간에 있습니다. 그러자니 임진강 하류에서 배를 타지 않고도 강을 건널 수 있는 최초의 여울목에 있습니다.

동쪽 벽은 여러 번에 걸쳐 흙을 다진 뒤 그 위에 돌로 성벽을 높이 쌓아 올려 석성과 토성의 장점을 적절히 결합한 축성술을 보여주는데, 마치 작은 피라미드라도 보는 듯 정교합니다. 고구려 수도인 중국 집안(集安)의 국내성(國內城)과 평양의 대성산성(大城山城) 등에서도 확인된 고구려의 특징적인 축성기법으로, 그만큼 전략적 요충지였음을 보여주는 증거라고 합니다. 구석기 시대 주먹도끼를 비롯하여 삼국시대와 조선 시대의 다양한 유물도 출토되었는데, 그중 고구려 기와류가 가장 많이 나왔다고 하네요.

비석에 새겨진 호로고루 시가 눈에 들어옵니다. 연천 호로고루성에서 도도히 흐르는 강물과 함께 1,500여 년 전 웅대했던 선조들의 기상을 새겨보는 것도 좋을 것 같습니다.

▶연천 호로고루 성
경기 연천군 장남면 원당리 1258

북에서 온 광개토대왕릉비
호로고루성 홍보관 바로 앞에 실물 크기의
광개토대왕릉비가 세워져 있다. '남북사회
문화협력사업'의 일환으로 2002년 북한이
직접 모형으로 제작하여 제공한 것. 고구려
의 기상을 되새김과 동시에 통일을 기원하
는 의미가 있다.

구석기 시대로의 시간 여행
연천 전곡리유적지

한탄강변에 위치한 구석기 유적지인 전곡리유적지에는 광활한 공간에 구석기 시대인들이 생활하던 집과 동물, 사람들의 생활상이 그대로 재현돼 있습니다. 어찌나 리얼하던지 그 속에서 뛰어놀다 보면 구석기 시대의 생활이 몸으로 느껴질 정도입니다. 보통 박물관의 유리상자 안에 들어 있는 유물들을 '감상'하는 것과 전혀 다른 '생생한' 체험입니다.

아이들은 공룡이나 매머드 등에 올라타기도 하고, 구석기 시대인들이 실제 사냥하는 모습을 만나기도 하며, 오두막집을 들락날락 뛰어다니며 오랜만에 마음껏 숨통을 틔웁니다. 공룡이나 곰 등 구석기시대 동물 조각품이 늘어서 있는 산책길도 즐겁습니다.

구석기 생활상을 생생하게 복원한 복원존과 선사체험마을, 구석기 체험숲과 산책로도 좋지만, 우주선 모형을 닮은 선사박물관은 외관부터 입이 떡 벌어질 정도로 근사합니다. 서울 동대문디자인프라자(DDP) 저리 가라 할 만큼 멋진 건축물을 여기서 만나다니. 예상치 못한 뜻밖의 만남에 기쁨이 배가 됩니다.

원시 생명체의 아름다운 곡선을 모티브로 했다는 선사박물관은 원시성과 현대성이 공존하는 최첨단 유적박물관입니다. '인류의 위대한 행진'을 주제로 한 상설전시관은 인류의 진화과정을 관찰할 수 있는 복원조형물들이 시선을 사로잡습니다.

아쉽게도 엄격한 사회적 거리 두기 시행 기간이라 내부를 관람하지는 못했지만 외관을 둘러보는 것만으로도 충분히 멋진 곳이었습니다.

다른 박물관과 차별화된 또 다른 독특함은 박물관 지붕을 한 바퀴 돌아 내려오도록 설계된 지붕 산책로입니다. 건축물 위에서 내려다보이는 연천의 산과 마을의 전경에 여기저기서 감탄사가 터져 나옵니다. 유적지 카페에서 파는 주먹도끼빵도 놓치지 마시기를.

전곡리 출토 주먹도끼의 가치와 발굴 스토리

전곡리 유적의 가장 큰 특징은 주먹도끼로 대표되는 아슐리안 문화(Acheulean culture) 유물들이 발견되었다는 것입니다. 주먹도끼는 전기 구석기시대의 대표적인 유물로, 원석을 전체적으로 가공하여 끝부분이 뾰족하고 몸체가 둥근 형태이며, 석기의 양 측면에 날카로운 날을 지닌 석기입니다. 나무 가공, 도살, 가죽 가공 등 다양하게 활용할 수 있는 '구석기 시대의 맥가이버 칼' 같은 것입니다. 전곡리 유적에서 발견된 주먹도끼들의 두텁고 자연 면이 많은 형태적 특징은 전기 구석기시대의 것으로, 전곡리에서 구석기시대 사람들이 살기 시

전곡리 선사박물관

작한 것이 무려 30만 년 전이라는 것을 알게 해주는 증거라고 하니 놀라울 따름입니다.

발굴 과정도 재미있습니다. 미국 인디애나 대학에서 고고학을 전공한 미군 병사 그레그 보웬이 1978년 겨울, 한탄강 유원지에 놀러 갔다가 우연히 어떤 돌을 발견하게 됩니다. 예사롭지 않다고, 역사적 가치가 있는 것으로 생각한 그는 본인이 발견한 석기 사진과 경위를 써서 저명한 구석기 전문가인 보르드 교수에게 편지로 보냈다고 합니다. 프랑스에 있던 보르드 교수는 유물을 확인하러 직접 오고 싶으나 사정이 안 되니, 서울대학교의 김원용 교수를 찾아가 보라고 답했고, 이런 과정을 거쳐 김원용 교수 연구팀이 곧바로 발굴 작업에 들어가 거대한 유적이 빛을 보게 되었다고 합니다.

주먹도끼빵

Travel Tips

✓ **연천 역사문화 탐방 추천 코스**

전곡리유적-전곡선사박물관-숭의전-호로고루성-경순왕릉

비둘기낭폭포

09 세 계 지 질 공 원 에 서 느 껴 보 는 자 부 심

한탄강 유네스코 지질유산

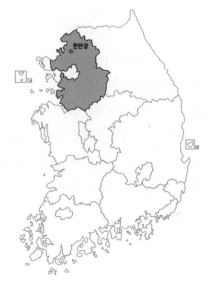

세계지질공원은 유네스코가 미적, 고고학적, 역사·문화적, 생태학적, 지질학적 가치를 지닌 곳을 보전하고 관광 자원으로 활용하기 위해 지정하는 구역을 말합니다. 한탄강 일대는 제주도, 청송, 무등산에 이어 국내에서는 4번째로 유네스코 세계지질공원에 선정되었습니다.

서울 여의도 면적의 400배에 달하는 이곳은 경기 포천과 연천, 철원 일원으로 포천 비둘기낭폭포, 아우라지베개용암, 재인폭포, 좌상바위를 비롯해서 철원 고석정과 용암지대 등 26곳이 지질·문화 명소로 등재되어 있습니다. 기나긴 시간의 흐름 속에 우리의 삶이 얼마나 찰나의 것인지 느껴지는 곳입니다.

50만 년의 시간이 빚어낸 대자연의 조각품

한탄강은 국내 유일 현무암 협곡 하천으로, 신생대 4기 현무암질 용암이 분출하면서 만들어진 독특한 지질과 지형적 가치를 지니고 있습니다. 고생대부터 신생대에 이르기까지 변성암, 화성암, 퇴적암 등 다양한 암석이 있고, 50~10만 년 전 북한 오리산에서 분출한 용암과 침식작용에 의한 주상절리 등으로 경관이 뛰어납니다. 특히 하천 침식작용으로 만들어진 30~50m 높이의 U자형 협곡은 지질학적 가치가 큽니다.

포천 비둘기낭폭포(포천시 영북면 비둘기낭길 207)

한탄강 8경 중 하나인 비둘기낭폭포는 화산이 폭발하면서 생긴 주상절리 절벽의 신비로운 풍경을 보여줍니다. 빼어난 경관으로 드라마(선덕여왕, 추노)와 영화(최종병기 활)의 배경이 되기도 했습니다. 반원형의 기암절벽 안쪽은 제주에서나 볼 수 있는 연필심 형태의 주상절리를 이루고 있으며, 수량이 많은 날엔 에메랄드 빛 웅덩이로 쏟아지는 폭포를 볼 수 있습니다.

연천 재인폭포(연천군 연천읍 부곡리 192)

한탄강에서 가장 아름다운 지형 중 하나로 꼽히는 폭포. 약18m에 달하는 현무암 주상절리 절벽에서 폭포수가 쏟아지는 장면은 가히 장관 중의 장관입니다. 폭포 아래에는 다양한 암석들과 하식동굴, 용암가스 튜브 등이 있으며, 천연기념물인 어름치와 멸종위기종인 분홍장구채 등이 서식하고 있습니다. 탐방로와 전망대가 잘 만들어져 있어 한탄강의 쏟아지는 물을 가까이에서 볼 수 있는 연천군 최고의 명소입니다.

포천 아우라지베개용암(포천시 창수면 신흥리)

두 물줄기가 어우러지며 용암이 흘렀다고 해서 아우라지베개용암
이라 불리는 이곳은 포천과 연천 두 지역에 걸쳐 용암이 굳어 만들어
진 지형으로 2013년 천연기념물로 지정되었습니다. 신생대 중기 북
한의 평강 오리산에서 분출한 현무암질 용암이 옛 한탄강 계곡을 따라
흐르다가 영평천과 만나는 지점에서 차가운 물을 만나 급랭하여 형성
되었다고 합니다.

물속으로 흘러 들어간 용암의 바깥 부분은 급격히 식어 굳는 반면
안쪽의 굳지 않은 용암은 계속 흐릅니다. 이때 갈라진 바깥 부분 틈으
로 용암이 나오고 식는 과정이 여러 차례 반복되고, 그러는 동안 둥근
베개 모양처럼 단면이 둥글고 길쭉한 모양의 덩어리가 차곡차곡 쌓이
면서 '아우라지베개용암'이 되었습니다.

베개용암은 주로 깊은 바다에서 용암이 분출할 때 생성되는 것으
로 내륙 강가에서 발견된 포천 아우라지베개용암은 매우 희귀한 경우
라고 하네요.

연천 좌상바위(연천군 전곡읍 신답리 307, 전망대 위치)

장탄리 바로 옆에 있어 '장탄리 현무암'이라고도 불리는 좌상바
위는 중생대 백악기 말 화산활동으로 만들어진 약 60m 높이의 현무암

연천 재인폭포

철원 용암대지

연천 좌상바위　　포천 아우라지베개용암

사진 출처: 한탄강지질공원웹사이트 www.hantangeopark.kr

바위입니다. 제주 산방산을 떠올리게 하는 이 바위는 화산의 화구나 화도 주변에서 마그마가 분출하며 만들어진 것으로 추정되는데, 빗물과 바람에 의해 풍화된 세로 방향의 띠는 오랜 시간 땅 바깥에 드러나 있었음을 짐작할 수 있게 해줍니다. 바위 근처에서 고생대, 중생대, 신생대 제4기 등 여러 지질시대의 암석도 볼 수 있습니다.

철원 용암대지(철원군 철원읍 동송읍 일원)

철원용암대지는 신생대 제4기 현무암의 용암류가 골짜기를 따라 흘러내리면서 형성된 화산지형입니다. 남한 내륙 지역에서 관찰할 수 있는 유일한 용암대지라고 합니다. 철원 용암대지를 구성하는 현무암은 약 54만 년 전에서 12만 년 전 사이 형성된 것으로 추정됩니다. 이 현무암의 용암류는 서울과 원산을 잇는 추가령구조곡 하부의 연약한 지점(오리산 452m)과 검불랑 지역에서 동북쪽 4km에 위치한 608m 고지를 잇는 선을 따라 솟아올라 물처럼 넓게 퍼져 흐르면서, 철원 일대의 계곡과 낮은 부분들을 메우면서 지금과 같은 모습의 용암대지를 형성시켰습니다.

철원 용암대지 내부에는 야트막한 독립 구릉이 여러 개 있습니다. 용암이 지표를 메워 평탄한 철원 용암대지를 형성할 때, 기존의 산지가 용암에 완전히 매몰되지 않고 용암대지 상에 마치 섬처럼 돌출된 채 남겨진 것인데요. 이러한 지형을 스텝토(steptoe)라고 부른답니다. 철원 용암대지의 스텝토들은 입지적 여건이 좋아 군사적으로도 매우 중요하다고 하네요. 6.25 전쟁 당시 격전이 벌어졌던 장소이기도 한데요. 219m의 아이스크림 고지는 6.25 전쟁 당시 폭격을 받아 산이 아이스크림 녹듯 흘러내렸다고 해서 붙여진 이름입니다.

Travel Tips

✔ 한탄강지질공원센터

한탄강지질공원은 연천, 포천, 철원 등 한탄강 유역에 골고루 퍼져있어서 관련 정보를 얻고 루트를 짜기 위해서는 일단 '지질공원전문박물관'을 먼저 방문하는 게 도움이 된다. 박물관은 지질생태전시관, 지질체험관, 기획전시관 등 3개의 전시관이 있는데, 세부적으로 한탄강의 역사 전시를 비롯해 어린이들이 한탄강의 지질과 생태를 놀면서 배울 수 있는 체험관, 한탄강 협곡 레프팅을 체험하는 4D 협곡탈출 라이딩 영상관, 전 세계 지질공원 정보를 담은 전시 등을 관람할 수 있다. 해설사가 진행하는 해설 프로그램, 한반도의 공룡의 역사를 소개하는 교육 프로그램도 운영된다.

경기도 포천시 영북면 비둘기낭길 55
관람 문의 및 예약 031)538-3030
관람 시간 09:00~18:00
매주 화요일 휴관(화요일이 공휴일인 경우 정상 운영), 1월 1일, 설, 추석 당일 휴관
이용 요금 성인 2,000원, 소인 1,500원
홈페이지 http://museum.hantangeopark.kr

10
가슴이뻥뚫리는
해안산책로걷기

속초 외옹치바다향기로

인천 무의바다누리길

제주 송악산

제주 송악산 둘레길

속초 외옹치바다향기로

인천 무의바다누리길

여행을 가서 맛집을 가고, 미술관을 가고, 카페에 머무는 것도 좋아하지만 무엇보다 이 모든 것에 앞세우는 것이 '걷기에 좋은 곳' 인가입니다. 서귀포 법환포구가 그랬고 많은 올레길이 좋았지만 누군가와 함께 걷고픈 길은 송악산 길입니다. 넓게 펼쳐진 푸른 빛의 바다와 해안가를 올리는 파도 소리로 눈과 귀가 행복해지는 속초 바다향기로와 인천 무의바다길 까지. 가슴이 뻥 뚫리는 길을 소개합니다.

▶제주 송악산 둘레길
서귀포시 대정읍 송악관광로 421-1
제주 올레길 10코스 중 일부

물결 우는 오름
제주 송악산 둘레길

제주도 서남쪽 모퉁이 마라도 바다를 향해 삐죽 튀어나온 코지(곶) 송악산은 바다에서 분화한 뒤 뭍에서 다시 한 번 분화한 이중화산입니다. 뱃사람들은 이곳을 부남코지라고도 불렀지만, 이곳을 부르는 또 다른 이름은 부르기만 해도 슬픔이 묻어나는 '절울이오름' 입니다. 파도가 송악산 아래를 치면서 울리는 소리에서 따왔다고 합니다.

자연이 빚어낸 8km 송악산 해안 절경은 가슴을 뻥 뚫어 주는 게 다가 아닙니다. 둘레길 전망대에 올라 동쪽을 바라보면, 산방산, 대평리 박수기정 등 사계리에서 서귀포까지 이어지는 해안선이 한눈에 들어오는데, 해안가를 따라 이어지는 절벽 퇴적층과 형제섬 등이 지루할 틈을 주지 않습니다.

이곳을 걷는 일이 그토록 시원하면서도 또한 그토록 슬펐던 이유는 미처 몰랐던 역사에 있었습니다. '절울이오름(물결이 우는 오름)' 이란 이름에서 느껴지듯 송악산은 슬픈 역사가 담긴 곳이기도 합니다. 마라도 선착장에서 송악산을 바라보면 60여 개의 동굴이 보이는데요. 제2차 세계대전 당시 일본군이 제주 사람들을 동원해 뚫어 놓은 인공 동굴이라고 합니다. 가파르지 않아 누구나 무난하게 걸으며 아름다운 자연경관과 함께 제주의 아픈 역사를 경험할 수 있는 곳입니다.

산책하듯 가볍게 걷는 데크길
속초 외옹치바다향기로

강릉에 정동심곡 바다부채길이 있다면 속초에는 바다향기로가 있습니다. 속초해수욕장에서 외옹치항에 이르는 총 1.74km의 산책길로, 파도가 심할 땐 위험해서 통제되는 길입니다. 외옹치에서 외옹치 해수욕장으로 이어지는 구간은 나무 데크로 조성되어 있어서, 치마를 입고도 산책하듯 걷기 편했어요. 곳곳에 전망대와 벤치 같은 편의 시설이 있고 해안 경계용 철책도 일부는 철거하지 않고 남겨놓아서, 이 지역이 과거 무장공비 침투지역이라는 점을 알려줍니다.

바다향기로는 최근 드라마 '남자친구'의 두 주인공 박보검과 송혜교의 등장하며 명성을 얻기 시작했는데요. 아무리 여유 있게 걸어도 한 시간이면 바다를 제대로 느낄 수 있다는 점에서 인기를 얻고 있는 길입니다. 사람이 많이 찾는 속초 해변에서 시작해 손때를 타지 않은 청정 동해를 감상하며 걷다 보면 어느새 외옹치항에 닿습니다. 낚싯배가 드나드는 외옹치항에는 마을 어촌계에서 운영하는 자연산 활어센터와 30여 곳의 음식점이 있어 출출함을 달래기도 좋습니다.

▶ 속초 외옹치바다향기로
강원 속초시 대포동 712
이용 시간 하절기(4월-9월) 06:00~20:00, 동절기(10월~3월) 07:00~18:00

소박한 마을 풍경을 누리며 걷는
인천 무의 바다누리길

인천 앞 섬의 가장 큰 장점은 가까운 곳인데도 아주아주 멀리 떠나온 것 같은 느낌을 준다는 것입니다. 말 탄 장군이 옷깃을 휘날리며 달리는 것처럼 보이기도 하고 무희처럼 보이기도 해서 무의도라고 이름 붙여진 이 섬에는 해안 트래킹, 해수욕, 캠핑 등을 즐길 수 있는 것은 물론 드라마와 예능 촬영지로 인기가 있을 만큼 아름다운 섬입니다. 접근성도 좋습니다. 인천 공항철도를 타고 용유역에서 하차하여 잠진도 선착장까지 도보로 이동 가능하며, 선착장에서 시간당 두 번 수시로 운행되는 배를 타고 약 5분이면 무의도에 들어갈 수 있습니다. 섬 안에서도 30분 간격으로 마을버스가 운영되고 있어 승용차가 없더라도 큰 불편함 없이 충분히 섬을 즐길 수 있습니다.

여름철 해수욕을 즐길 수 있는 하나개 해수욕장과 초보자도 쉽게 즐길 수 있는 호룡곡산, 국사봉 같이 오밀조밀한 섬 산행의 재미를 제대로 느낄 수 있는 산악 트래킹 코스와 더불어 해변을 따라 걸으며 바다를 감상할 수 있는 해변 트래킹 코스도 있습니다. 코스별로 이정표가 잘 되어 있고 등산객이 많아 길을 잃을 염려도 없습니다.

2011년도에 완공되어 무의도와 소무의도를 연결하고 있는 414m의 다리는 일명 '소무의도 인도교길'로 무의 바다누리 8길 중 1길입니다. 총 8개 구간으로 이루어진 무의 바다누리길은 2.48km의 해안에 조성된 둘레길로 각 구간의 특징에 맞게 트레킹을 즐길 수 있습니다. 잘 정비된 데크를 따라 시원한 바람과 함께 무의 바다누리길을 걸으며 사진도 찍고 부처깨미, 몽여 해수욕장, 명사의 해변 등 무의 8경도 감상해 보시기를 권합니다.

연륙교를 건너자마자 정면계단을 따라 키 작은 소나무 길을 오르면 정상에 하도정이라는 정자에 도착합니다. 74m 높이로 소무의도에서 가장 높은 이곳에서 사방으로 트인 바다를 조망한 뒤, 섬 전체를 한 바퀴를 천천히 도는 데 1시간이면 충분합니다.

▶**인천 무의 바다누리길**
인천 중구 무의동 1001

11

온몸이정화되는
생태숲길걷기

인제 곰배령,
원대리 자작나무숲

인제 곰배령,
원대리 자작나무숲

인제 가면 언제 오나,
인제 곰배령

"인제 가면 언제 오나."라는 말이 가장 먼저 떠오르는 인제는 "우리나라에서 땅이 가장 넓고 인구밀도는 가장 낮은 곳"으로 알려져 있습니다. 그래서인지 내린천을 따라 숙소로 들어가는 길은 마치 길고 긴 비밀의 관문이라도 찾아 들어가듯 신비롭기까지 합니다. 군부대가 많고 겨울엔 눈이 많이 내려 한번 들어가면 쉽게 나오기 힘든 곳이라 붙은 지명인 줄 알았는데, 유래가 동국여지승람에 기록되어 있을 정도로 오래된 이름이라고 하네요.

그 이야기가 재밌습니다. 옛날 임금이 난리를 피해 이곳에 머무를 때, 도성의 상황이 궁금해서 사람을 보내면 다시 돌아오는 이가 없었다는 겁니다. 그래도 안 보낼 순 없고, 보낼 때마다 "이제 가면 언제 오나."라고 묻고, 기다려도 또 오지 않으면 "원통해서 못 살겠네."라고 했다는 거죠. 그 후로 이 말은 인심 좋은 이곳에서 다른 곳으로 사람을 떠나보낼 때의 안타까운 마음을 표현하는 데 쓰였다고 합니다. 지금은 도로가 워낙 잘 닦여져 있고 접근도 쉬워져서 와락 공감이 가진 않습니다.

다음날 곰배령을 오르기 위해 하룻밤 예약해둔 숙소를 향해 가는 길. 산과 강이 어우러진 호젓함에 저절로 힐링의 기운이 스며듭니다.

점봉산 끝에 자리한 부드러운 고개가 곰배령입니다. 지명이 무슨 무슨 령이라고 하면 암벽이라도 타야 하는 듯 가파른 봉우리가 떠오르는데, 그러한 선입견이 여기 곰배령에서 여지없이 무너집니다. 맑은 계곡을 따라 작은 다리를 건너 평평한 길을 천천히 걷다 보면 스르륵~ 초록문이 열리고 그 속으로 들어간 몸과 마음은 주룩주룩 초록비를 맞다가 종국엔 초록과 하나가 되어 버리는 그런 곳 입니다. "오메, 초록 물 들겠네!"는 이럴 때 하는 말이겠죠?

정상을 향해 가는 길이 힘들기는커녕 세포 하나하나, 모세혈관 하나하나까지 정화되는 듯합니다. 굳건한 뿌리와 살랑이는 이파리들, 각자 생긴 대로 있는 듯 없는 듯 존재감을 내뿜는 꽃들 사이를 걸었을 뿐인데 갑자기 짜잔하며 넓은 평원이 나타납니다. 정상입니다. 평원 한쪽으로 곰배령 정상을 알리는 비석이 보이고 그보다 먼저 눈에 들어오는 건 저 멀리 설악산 대청봉을 비롯해 겹겹이 겹쳐진 봉우리들. 언제 내가 이렇게 높은 곳까지 올라왔나 의아해지는 순간. 저마다 감탄하며 인증 샷을 남깁니다.

히말라야 산맥을 닮은 정상

산이 많고 들이 적어서인지 면적이 넓으면서도 인구는 가장 적은 지역에 속하는 인제군에는 해발 1,000m가 넘는 험준한 산이 즐비합

니다. 향로봉이 해발 1,293m, 응봉산이 1,271m, 설악산이 1,708m, 점봉산도 무려 1,424m에 이릅니다. 설악산이 화려한 산세로 유명하다면, 한계령을 사이에 두고 반대편에 자리한 점봉산은 젠 체라고는 찾아볼 수 없이 겸허하기만 합니다. 조용하고 겸허한 성품을 가진 사람처럼 깊이 들어가면 들어갈수록 그 품이 한없이 넓어서 자꾸만 파고들고 싶은 아늑함을 줍니다. 그 깊은 품에서 나무가 자라 숲이 되고, 숲과 숲 사이를 들꽃들이 숨 쉬고 있습니다.

'천상의 화원'으로 불리는 곰배령은 1,000m가 넘는 고지 위에 진귀한 야생화들이 군락을 이루고 있는 것으로도 유명합니다. 5월 야생화가 가장 아름답다고 알려졌지만, 꽃들마다 개화 시기가 달라서 사시사철 언제라도 매력적인 야생화를 만날 수 있습니다.

예약 필수, 곰배령

곰배령은 당일치기로도 가능하지만 전날 가서 하룻밤 자고 숙소에서 예약해주는 대로 다음날 아침 곰배령에 오르는 것이 편리합니다. 산림보호 차원에서 1년 중 8개월, 일주일에 5일, 하루 450여명 내외로 입산이 가능하므로 예약은 필수입니다. 원시자연이 그대로 잘 보존되어 있는 유네스코 산림유전자원보호지역으로, 숲길 중간에 화장실이 없고 정상에 있는 휴게소에서만 간단한 요기가 가능합니다.

문득 일본 생태의 섬 야쿠시마가 생각났습니다. 원시의 아름다움을 만끽하려면 그를 보존하기 위한 다소의 불편을 감수해야만 하나 봅니다. 세상에 공짜는 없다는 게 불편하지만 인정해야만 할 진실입니다. 일본 애니메이션 '원령공주'의 모티브가 된 야쿠시마. 걷는 내내 화장실이 없고, 환경을 해치는 어떤 시설도 없어서 도시락도 지정된 곳에서만 먹을 수 있었던, 쓰레기도 고스란히 가지고 나와야했던 경험이 곰배령에서 다시 떠오릅니다.

곰배령을 내려오는 길은 두 가지 방법이 있습니다. 하나는 올라왔던 길을 그대로 돌아가는 것이고, 다른 하나는 말 그대로 한 바퀴를 돌아 반대쪽으로 내려가는 방법입니다. 어느 길로 갈지 고민하는 사람에게 정상에 있는 표식이 선택을 도와주네요. 하산길은 급격한 계단길이므로 무릎이 좋은 사람만 가라는 친절한 안내가 붙어 있습니다. 아직은 무릎도 쓸 만하고, 한 바퀴 돌아 곰배령을 온전히 만나고픈 마음에 반대쪽 하산로를 택했습니다. 표지판의 경고가 엄살이 아니더군요. 경사가 급해봤자 얼마나 급격하겠나, 하며 택한 길은 정말이지 계단이 많아서 왼쪽 무릎이 시큰거려오더군요. 핑크색 철쭉 군락을 만날 수 있는 시기라는 게 그나마 위안이 되었습니다. 커다란 나무등지가 쓰러진 채 나뒹구는 모습에서 자연의 의지를 봅니다. 휘어지고 꺾이고 고통 받더라도 꿋꿋이 살아가다보면 저 철쭉처럼 아름답게 꽃피울 날이 있다고 토닥여주네요.

자작자작,
원대리 자작나무숲

겨울에 러시아 시베리아 횡단 열차를 타고 가다 보면 몇 날 며칠 끝도 없는 눈을 볼 수 있고, 여름엔 끝도 없는 자작나무숲을 지나게 됩니다.

우리나라에서도 자작나무를 즐길 수 있는 곳이 있습니다. 곰배령의 초록 원시림에 푹 빠졌다면 근처에 있는 원대리 자작나무숲도 가보시길 권합니다. '숲속의 귀족'이라 불리는 자작나무 군락을 이루고 있는 이곳은 원대리 자작나무숲과 수산리 자작나무숲이 있습니다. 기름기가 많아 탈 때 '자작자작' 소리를 낸다고 해서 자작나무라는 이름이 붙었다고 하네요.

원대리 자작나무숲 초입엔 자작나무가 없어서 실망할 수도 있습니다. 조금만 더 안으로 걸어 들어가 보세요. 새하얀 수피가 곧게 뻗어있는 숲을 만날 수 있습니다.

Travel Tips

✓ **곰배령 예약**

산림청 홈페이지 사전 예약제로 운영(www.forest.go.kr)

1일 450명 인원 제한, 당일 예약 및 입산불가, 신분증 지참 필수. 월화는 탐방 없음.

✓ **관련 문의 및 등반 출발 장소**

점봉산생태관리센터

(인제군 기린면 곰배령길 12. 연락처 033)463-8166)

✓ **계절 별 입산 시간**

-하절기(4월21일~10월31일) 1일 3회(09:00, 10:00, 11:00)

-동절기(12월16일~2월말) 1일 2회(10:00, 11:00)

✓ **총 거리 및 소요시간**
10.5km, 평균 5시간 내외 소요

✓ **함께 가면 좋은 곳, 내린천**
내린천은 인제군 레포츠의 근간을 이루는 최고의 명소. 여름철이면 입구에 들어서면서부터 서늘함이 온 몸을 감싸니 피서에 이보다 더 좋을 순 없다. 한강 지류 중 최상류로 오대산과 계방산 계곡에서 발원하여 40여km를 흘러 인제 소양강 상류에 이르는 계곡까지 래프팅, 리버 버깅은 물론 짚트랙, 번지 점프 등 다양한 레포츠를 즐길 수 있다.

곰배령 정상

고성 건봉사

12

사람들이잘모르는
곳을발견하는기쁨

고성 건봉사

양주 회암사지

강원도 고성군에 있는 건봉사(乾鳳寺)는 금강산 줄기가 시작되는 건봉산 감로봉의 동남쪽 자락에 있어 흔히 '금강산 건봉사'로 불립니다. 휴전선 인근, 대한민국 최북단 지역에 위치한 사찰로 민간인 출입통제구역에 포함돼 있다는 지리적 특성 때문에 한국 전쟁 이후 민간인은 석가탄신일 단 하루만 특별히 드나들 수 있었다가 1989년에야 출입이 전면 허용되었다고 합니다. 그간 건봉사가 왜 잘 알려지지 않았는지 그제야 이해가 갑니다.

건봉사 적멸보궁

금강산에 자리 잡은 천년고찰
고성 건봉사

아름다운 산세를 자랑하는 금강산에 자리 잡은 천년고찰 건봉사는 설악산 신흥사, 백담사 등 9개 말사(본사의 관리를 받는 작은 절)를 거느렸던 전국 4대 사찰 중 한 곳으로 신라 법흥왕 7년(520년)에 지어졌다고 합니다. 별 기대 없이 고성 8경이라기에 찾아간 이 절은 지금껏 들어보지 못했다는 것이 신기할 만큼 역사의 향기가 깊이 느껴지는 곳이어서 깜짝 놀랐답니다. 특히, 신라 자장율사가 당나라에서 가져왔다는 부처의 진신 치아사리가 모셔져 있다는 점이 이곳을 더욱 특별하게 합니다.

임진왜란 때 왜병들이 양산 통도사 금강계단을 부수고 약탈해간 진신 치아사리 12과를 선조 38년(1605년) 사명대사가 다시 모셔와 건봉사에 봉안했다고 하는데요. 그래서인지 입구엔 사명대사 동상도 있습니다. 스리랑카 여행 때 수도 캔디에 있는 불치사(Temple of the Tooth)에서 온통 하얀 옷을 입은 신도들이 몇 시간이고 기다린 끝에 만날 수 있었던 진신 치아사리의 일부라는 게 믿어지지 않았습니다.

건봉사는 신라 때 1만일 동안 나무아미타불을 입으로 외워 극락에 오른다는 '만일 염불회'를 개최한 이래 수많은 염불승을 배출하면서 한국의 대표적 염불 도량으로서 전통을 이어왔습니다. 임진왜란 때

사명대사가 머무르기도 해도 호국불교의 본산으로도 불린다고 하네요. 이를 알려주듯 절 입구에 사명대사 동상이 위엄을 지키고 있습니다. 천년 역사를 간직한 이곳에서 템플 스테이를 해보는 것도 좋겠다는 생각이 들었습니다.

▶건봉사
강원 고성군 거진읍 건봉사로 723(www.geonbongsa.org)
자동차로 화진포에서 20분, 속초항에서 40분 정도 소요

부처 진신 치아사리

폐허의 미학
양주 회암사지

한때 승려 3천여 명이 머물렀다는 거대한 사찰, 바로 회암사입니다. 회암사지는 고려 시대에 지어진 회암사가 있던 자리로 비록 지금은 터만 남아 있지만, 그 엄청난 규모에 놀라움을 감출 수 없을만큼 아름다운 폐허였습니다. 조선 전기 이색의 기록에 의하면 고려 우왕 2년(1376년)에 인도의 고승 지공의 제자인 나옹이 "이곳에 절을 지으면 불법이 크게 번성한다."는 말을 믿고 대규모 절을 지었고, 조선 전기까지도 전국에서 가장 큰 절이었다고 하네요.

태조 이성계는 나옹의 제자이자 자신의 스승인 무학대사를 회암사에 머무르게 하였고 태종에게 왕위를 물려준 뒤에는 이곳에서 수도 생활도 했다고 합니다. 그래서인지 회암사에는 "태조 이성계가 사랑한 왕실 사찰"이라는 현수막이 자랑스럽게 걸려 있습니다.

위상이 높았던 회암사가 쇠락기에 접어든 것은 국가적으로 억불정책을 실시하던 세종조에 이르러서 였습니다. 그 후 명종 때 섭정하던 문정왕후가 불교 중흥책을 펴면서 옛 명성을 잠시 되찾았으나 문정왕후 사후 다시 억불정책이 실시되면서 절이 불태워지고 말았습니다.

이후로도 조선은 숭유억불 정책이 이어졌지만, 순조 28년(1828년) 왕실사찰이라는 점을 명분으로 회암사지에서 700여미터 떨어진 북쪽 골짜기에 다시 세워지는데 그것이 오늘날 회암사입니다. 회암사처럼 큰 사찰이 조선 시대에 재건된 사례는 흔치 않다고 합니다. 현재 회암사지는 사적 제128호로 지정되어 보존·관리되고 있으며, 1990년대 후반 이후 적극적인 조사와 발굴을 통해 문화 역사적 가치를 되살리기 위한 노력을 계속하고 있습니다.

회암사로 가는 길은 오르막길입니다. 편안한 운동화 차림으로 회암사지 박물관에서부터 초록 잔디가 깔린 평화로운 공원을 지나 회암사지(절터)를 보고 천보산 숲길을 지나 회암사(현재의 사찰)에 이르고 나면 완벽한 역사 산책을 한 기분이 듭니다. 걷기에 무리가 있는 분은 차로 올라갈 수 있습니다. 한없이 고즈넉한 풍경 속에 자리 잡은 찻집 '화락천'에서 차를 마시며 잠시 호흡을 가다듬고, 템플 스테이를 하면서 크게 심호흡하며 쉬어가는 계기를 삼기에도 더없이 좋은 곳입니다.

양주는 서울에서 그다지 멀지 않지만 높은 건물이 없고 녹지가 풍부해서인지 언제 가도 멀리 떠나온 듯 정감 어린 정취가 이는 곳입니다. 회암사 이외에도 장욱진미술관, 나리 공원, 김삿갓 벽화길 등 전국적인 유명세를 타지는 않았어도 유서 깊은 문화재와 공원, 산책로와 볼거리가 많아서 하루가 짧다고 느껴집니다.

Travel Tips

✓ 양주 여행 추천 루트

회암사지 시립박물관 → 회암사지 → 회암사 → 김삿갓교 → 나리공원 → 천보산 등산로 입구 → 청암민속박물관 → 양주시립장욱진미술관 → 장흥조각공원 → 장흥자생수목원

▶회암사지
경기도 양주시 회암동 산 14

▶회암사
경기도 양주시 회암사길 281

원주 용수골 양귀비꽃 축제

13 꽃이 전하는 위로

고성 하늬라벤더팜

양평 세미원

원주 용수골 양귀비

정말이지 언택트 시대에 꽃만큼 위로를 주는 것도 없는 듯합니다. 다행인 것은 봄 여름 가을 겨울할 것 없이 계절마다 아름다운 꽃이 릴레이 하듯 피어난다는 것입니다. 삶과 죽음, 힘과 연약함, 영원함과 덧없음, 이처럼 상반된 것들을 사색하기에 꽃보다 좋은 것이 있을까요?

필 때도 질 때도 아름답기를 소망하며, 대규모 군락을 이루는 꽃의 힐링으로 가득한 곳들을 소개합니다.

보라향기에 취하다!
강원도 고성 하늬라벤더팜

우연히 홋카이도 라벤더 밭을 꼭 닮은 사진을 SNS에서 보고 사로잡혔습니다. 고성 라벤더팜입니다. 여름의 시작은 색과 함께 오는지도 모르겠습니다. 가는 곳마다 눈을 즐겁게 하는 꽃들은 답답한 마음을 밝게 다림질 해줍니다. 그러고 보니 저는 올 한해 다른 어느 해보다 참으로 다양한 꽃들을 만났습니다.

봄이 시작될 무렵 모든 공원에 일제히 튤립이 피어났습니다. 갑자기 핀 것인지 전에 없던 관심이 생긴 것인지 알 수 없지만, 산책 할 때마다 달라지는 꽃의 다양한 모습을 보며 꽃들에게도 엄중한 순서가 있다는 것을 알게 되었습니다. 인간과 달리 꽃들은 순서와 질서를 지켜 서로 잘났다고 떠들지 않고 차례차례 피어납니다.

라벤더 꽃은 6월부터 9월까지 연한 보라색이나 흰색으로 핍니다. 파랑과 빨강이 합쳐진 라벤더색(purple, 보라)은 우아함, 화려함, 풍부함, 고독, 추함 등의 다양한 느낌을 표현합니다. 예로부터 왕실의 색으로 사용되어오기도 했지요. 몽환적이면서도 정제된 느낌을 주는 탓에 플라워 디자인에서 포인트 색으로 사용되는 대표적 색이기도 하다네요. 라벤더에는 꽃·잎·줄기를 덮고 있는 털들 사이에 향기가 나오는 기름샘이 있어서 향수와 화장품, 요리의 향료로 사용되며 두통을 다스리고 신경을 안정시키는 효과도 있습니다. 고대 로마 사람들은 라벤더를 푼 물에 목욕을 했고, 말린꽃을 서랍이나 벽장 등에 넣어두고 향기를 즐겼다고 전해집니다.

꽃을 보면 제일 먼저 꽃말이 궁금해집니다. 꽃과 꽃말이 잘 어울리기도 하고, 때론 전혀 앞뒤가 맞지 않는다고 여겨지기도 하지요. ‘정절, 침묵’ 이란 라벤더의 꽃말에는 슬픈 설화가 전해집니다. 한 공주가 좋아하는 왕자에게 마음을 표현했지만 그 왕자는 키스만 나누고 공주의 마음을 받아주지는 않았다고 합니다. 그러던 중 왕자는 전쟁에 나갔다가 살아 돌아오지 못하고 공주 역시 왕자와 키스했던 장소에서 스스로 목숨을 끊고 맙니다. 알고 보니, 실은 왕자 역시 공주를 사모했지만 말을 못 하는 장애를 갖고 있었다고 합니다. 그 사실을 알게 되면 공주가 싫어할까 두려워 마음을 표현하지 못했던 거죠. 정절과 침묵의 라벤더. 아이스크림과 작은 기념품도 잊지 마세요.

태국 우돈타니 레드 씨(red sea)

진흙탕 속에서도 꽃을 피우는 마음으로
양평 세미원

연꽃은 진흙 속에 뿌리를 박고 자라면서도 더러운 물 한 방울 묻히지 않을 만큼 깨끗하게 꽃을 피워내는 특성이 있어서 세파에 물들지 않는 청아함과 고결함을 간직한 군자의 꽃으로 비유되곤 합니다. 치앙마이에서 한달살기를 할 때 '우돈타니 레드 씨(red sea)'라는 한 장의 사진에 꽂혀 비행기를 타면서까지 북쪽 골든 트라이앵글 지역의 작은 도시 우돈타니에 다녀온 적이 있습니다. 바다같이 넓은 호수에 가득 핀 붉은 연꽃 바다를 노 저어가며 맞이했던 새벽을 잊지 못합니다.

"물을 보며 마음을 씻고 꽃을 보며 마음을 아름답게 하라"는 뜻의 세미원은 정수리에 해가 내리꽂히는 8월이면 갖가지 연꽃이 가득 핍니다. 홍련, 백련은 물론 세계에서 가장 큰 연꽃 크기를 자랑하는 빅토리아 수련과 열대지방의 수련, 호주 수련까지 다양한 종류의 연꽃을 한 곳에서 볼 수 있습니다. 세계적인 연꽃 연구가 페리 선생이 기증한 연꽃 정원과 모네의 '수련이 가득한 정원'을 모티브로 만든 사랑의 연못까지. 연꽃의 은은한 향기에 취하지 않을 도리가 없습니다.

전국에 걸쳐 크고 작은 연꽃 군락지가 있지만, 강을 따라가며 두물머리 까지 연꽃이 피어 있어 가슴이 탁 트이는 전경까지 즐길 수 있다는 점이 세미원을 특별하게 합니다. 이곳에서 연꽃을 즐기는 방법은 두 가지입니다. 하나는 두물머리 쪽에서 배다리를 건너 배다리 매표소를 통해 들어가는 방법이고, 다른 하나는 세미원 매표소를 거쳐 불이문을 통해 들어가는 방법입니다.

저는 불이문을 통해 들어가는 방법을 택했습니다. 불이문에는 태극 문양이 커다랗게 그려져 있었는데 자연과 인간이 하나임을 상징한다고 합니다. 길을 따라 바닥에 그려진 빨래판 문양이 마음을 깨끗하게 씻는다는 의미라는 게 재미있네요.

정원에는 바닥이 훤히 들여다보일 정도로 맑은 개울물이 흐릅니다. 시원하게 발도 담가보고, 개울에 놓인 징검다리를 건너다보면 어느 순간 동심에 빠져듭니다. 드넓은 연꽃의 바다를 지나 정조대왕이 부친인 사도세자의 묘를 참배하기 위해 한강에 설치했던 배다리를 복원한 열수주교를 건너면 두물머리에 닿습니다. 더위에 지칠 무렵, 쉬어가기 좋은 카페나 정자가 나타납니다.

조선 시대 선비들은 연꽃의 고고한 자태와 속성을 흠모하여 정원에 연못을 만들어 연꽃을 가까이했으며, 숙종은 창덕궁 후원에 정자까지 짓고 애련정(愛蓮亭)이라 부르기도 했다지요.

정자에 앉아 사색에 잠깁니다. 만인이 연꽃을 사랑하는 이유는 더러운 곳, 힘겨운 상황에서도 변함없이 지조를 지키고 범속을 벗어나 맑고 깨끗한 군자의 덕을 지녔기 때문이라는 생각이 듭니다. 예나 지금이나 많은 예술가가 연꽃을 소재로 한 글을 짓고 그림을 그리는 것도 고결하게 살고픈 꿈을 표현하는 게 아닐지. 진흙 속에서 피어난 연꽃을 상징화한 불교의 발견이 새삼 놀랍습니다.

모든 아름다운 것 뒤에는 보이지 않는 희생과 그늘과 어둠이 있는 법. 저 말간 꽃을 피우기까지 얼마나 진창을 뒹굴고 뚫어내야 했을까요. 연꽃은 늘 보이는 것이 다가 아님을 깨우쳐줍니다.

매 해 비슷한 시기에 핀다고는 하지만 꼭 그런 것도 아니니 방문하기 전에 개화 정보를 확인해 보시기를 권합니다. 돌아가는 길 박물관에 들러 연꽃에 관한 다양한 지식을 접하는 시간도 유익했습니다.

▶양평 세미원
경기 양평군 양서면 양수로 93
방문 최적기 7월 말~8월 말

살랑살랑 쉬폰 스커트처럼 마음을 흔드는
붉은 양귀비의 행렬,
원주 용수골 양귀비꽃 축제

중국 4대 미녀 가운데 하나로 꼽히는 양귀비. 그 양귀비꽃이 쉬폰 스커트처럼 바람에 살랑대며 온통 붉게 피어오를 때면 보는 이의 마음도 덩달아 설렙니다.

해마다 5~6월 사이 화려한 자태의 양귀비꽃 축제가 열리는 곳이 있으니, 원주 용수골입니다. 국내에서 두 번째로 양귀비꽃을 재배하기 시작한 용수골에서는 무려 2만여m²의 어마어마한 공간에 일제히 피어 있는 양귀비를 감상할 수 있습니다.

양귀비꽃 감상과 함께 꽃그림 전시회, 꽃그림 그리기, 사진 촬영대회, 목공, 압화 체험 등 다채로운 행사가 진행되는 축제에서는 양귀비꽃 쌈채 비빔밥, 양귀비 막국수, 양귀비 막걸리 등 양귀비를 맛볼 수 있는 먹거리 장터와 주민들이 직접 판매하는 친환경 달걀, 친환경 된장, 감자가루 등을 판매하는 직판장도 즐길 수 있습니다.

▶원주 용수골 양귀비꽃 축제
강원도 원주시 판부면 용수골길 326
033)764-4443
홈페이지 참조. https://www.instagram.com/yongsugolpoppy/

서소문성지 역사박물관 하늘길

14 한 적 한 미 술 관
박 물 관 여 행

고성 바우지움조각미술관

양구 박수근미술관

서소문성지 역사박물관

안양 예술공원

영종도 파라다이스시티

설악산을 바라보는 물, 풀, 돌의 정원
고성 바우지움조각미술관

강원도 고성 여행길에 발견한 뜻밖의 즐거움. 별로 못 들어본 이름이라 반신반의하며 찾아간 그곳은 "가장 아름다운 곳은 숨고 싶어 하는구나!" 하는 생각이 절로 드는 장소였습니다. 이럴 때 생기는 심통이 있죠. 나만 알고 싶다는 마음. 이곳이 만약 단체 버스들로 북적이는 곳인 된다면? 상상하고 싶지 않습니다.

BAU+MUSEUM=BAUZIUM

강원도의 산속 넉넉한 5천 평의 땅에 나지막한 높이로 자리 잡은 바우지움은 입구에서부터 나오시마의 어느 미술관 못지않은 조화로움을 자랑하고 있었어요. 바우지움이란 이름은 바위를 일컫는 강원도 방언인 '바우'와 '뮤지엄'의 합성어로, 치과의사 안정모 씨와 그의 아내인 김명숙 조각가가 설립한 것입니다.

자연 친화적이면서도 모던한 분위기의 미술관은 강남의 '어반하이브'를 만든 김인철 건축가가 설계했습니다. '2018년 문화공간 건축협회'가 선정하는 문화 공간상 박물관 부문 대상을 수상하기도 했다네요. 돌을 깨어 넣은 담과 스테인리스 스틸 조각이 인상적인 풍경을 자아내는 입구를 지나면 야생의 자연과 더없이 어우러지는 여체들과 더불어 행복한 에너지가 발산되는 작품들을 만날 수 있습니다.

5개 테마로 된 치유의 공간

돌과 시멘트가 뒤섞여 독특한 분위기를 자아내는 미술관은 들어가는 길부터 야생의 자연이 그대로 전해집니다. 입구를 지나 안쪽으로 들어서면 울산바위가 정면으로 보이고, 통유리로 된 전시장은 각각 전시관의 예술품 감상에 방해되지 않을 만큼, 딱 그만큼만 밖으로 열려있습니다. 첫 번째 전시장을 지나 구불구불한 복도에 들어서니 물의 정원 수면에 반영된 주변 풍광이 그 자체로 더없이 아름다운 하나의 작품을 이루고 있습니다. 물의 정원, 돌의 정원, 잔디 정원, 테라코타 정원, 소나무 정원까지 5개의 테마로 나눠진 공간은 답답한 마음을 탁 트이게 해줍니다. 여러 겹의 돌담이 공간을 에워싸고 있는 듯 세심하면서도 무심한 공간 속을 걷다 보면, 어느새 복잡하던 머릿속이 맑아지면서 치유되어감을 느끼게 되는 공간입니다.

모성을 상징하는 조각품들

김명숙 조형관에서는 작품 세계가 한눈에 보입니다. 모성을 상징하듯 풍만한 여체는 대리석, 브론즈, 스테인레스 스틸, 테라코타 등 다양한 소재의 힘을 빌어 창조와 포용의 힘을 보여줍니다. "사람들에게 희망과 즐거움을 주는 작품, 행복한 에너지를 전달하는 작품을 만들고 싶었다."는 작가의 의도대로 야생의 자연 속에서 이들 작품들을 만나고 나면, 엄마의 품속에 안긴 듯한 안온함과 함께 내면 깊은 곳에서부터 강렬한 에너지와 기운을 받은 기분입니다.

떠나기 아쉬운 마음을 안고 미술관을 나가는 길엔 기획전시실과 아트숍이 있고 그 옆으로 미술관보다 더 아름다운 카페바우가 있습니다. 입장료에 커피 한 잔이 포함되어 있다니 마지막까지 신경 쓴 주인장의 배려가 고맙습니다. 실내인 듯 야외인 듯 카페인 듯 미술관인 듯 아름다운 카페에서 여느 북적대는 미술관에서는 접할 수 없던 호젓한 정취와 함께 작품의 여운을 한껏 되새기게 됩니다.

▶바우지움
강원도 고성군 토성면 원암온천 3길 37
033)632-6632
www.bauzium.co.kr
매주 월요일 휴관

예술은 고양이 눈빛처럼
쉽사리 변하는 것이 아니라
뿌리 깊게 한 세계를
깊이 파고드는 것이다

– 박수근 –

인간의 선함과 진실함을 그린 서민화가
박수근미술관

　화가의 고향인 강원도 양구군 박수근 선생 생가터에 200여 평 규모로 건립된 양구 군립 박수근미술관은 작가의 예술관과 인생관을 기리는 장소이자 지역의 대표 문화공간입니다. 박수근미술관은 개인미술관이지만 양구군에서 관리하는 군립미술관으로, 2002년 10월, 선생이 처음 그림에 발을 들여놓게 된 곳이자 선생의 그림에 원형으로 작용한 곳에 세워져 있습니다. 공간 자체가 박수근 선생을 표현한다 해도 과언이 아닌 이곳은 박수근 기념관, 현대미술관, 박수근 파빌리온으로 구성돼 있습니다.

　독립된 각각의 미술관과 뒷산 박수근 부부의 묘지에 이르기까지 크기가 방대하지만, 미술관과 미술관 사이를 오가는 길이 마치 오솔길처럼 이어져 있어, 그 자체로 아름다운 산책이 되도록 설계되어 있습니다. "대지에 미술관을 새겨나가겠다."라던, 건축가 이종호의 말이 온전히 이해가 가는 공간입니다.

　이렇듯 아름다운 공간에 박수근 유족이 기증한 미공개 스케치 50여 점과 수채화 1점, 판화 17점과 박수근이 직접 글을 쓰고 그린 동화책 〈호동왕자와 낙랑공주〉, 엽서 모음과 스크랩북, 생전에 사용하던 안경·연적, 편지와 도서 등 200여 점 외에 화가들이 박수근을 기려 기중한 작품 70여 점 등이 전시되어 있습니다. 미술관은 박수근 선생의 소박한 삶과 작품세계를 연구하고 전시, 교육, 출판사업 등을 통해 재조명하고 있으며, 역량 있는 작가들이 창작활동에 몰두할 수 있도록 창작스튜디오 프로그램도 운영하고 있습니다.

짧지만 굵직한 삶을 산 화가 박수근(1914~1965)은 이름 없고 가난한 서민의 삶을 소재로, 인간의 선함과 진실함을 그리는데 일생을 바친 화가입니다. 단순한 형태와 선을 이용하여 대상의 본질을 부각시키고 우리 민족의 정서를 다양한 기법과 거친 화강암 같은 재질감으로 표현한 것으로 유명하죠.

입구에 들어서면 미술관을 만나기에 앞서 빨래터와 자작나무숲이 먼저 눈에 들어옵니다. 빨래터는 박수근 화백이 아내를 처음 만난 장소로 빨래터에 있는 어머니 도시락을 챙겨갔다가 한눈에 반해 결혼하게 되었다고 하네요. 화백이 결혼 전 부인에게 보낸 편지는 그가 어떤 사람인지 잘 나타내줍니다.

> 나는 그림 그리는 사람입니다. 재산이라곤 붓과 파레트밖에 없습니다. 당신이 만일 승낙하셔서 나와 결혼해 주신다면 물질적으로는 고생이 되겠으나 정신적으로는 당신을 누구보다도 행복하게 해드릴 자신이 있습니다. 나는 훌륭한 화가가 되고 당신은 훌륭한 화가의 아내가 되어주시지 않겠습니까?
>
> – 박수근 화백이 결혼 전 부인 김복순 여사에게 보낸 첫 편지 중 –

입장권을 끊고 박수근의 작품을 감상한 후 처음 만나게 되는 전시는 〈나무와 두 여인〉입니다. 작고 55주기 추모 특별전으로 박수근과 동시대에 활동하였던 두 여인 박완서와 황종례에 대한 전시가 진행 중입니다. 박완서, 황종례, 박수근 세 사람은 1952년 당시 동화백화점 내에 있던 미8군에서 함께 근무했던 인연이 있다고 하네요. 박완서 소설 〈나목〉은 그 시절을 회상하며 박수근을 주인공으로 쓴 소설이라고 전해집니다. 박완서는 마흔이 되던 1970년, 전쟁의 상흔과 PX에서 만난 화가 박수근과의 교감을 토대로 〈나목〉이라는 소설을 썼고, 이것이 '여성동아' 여류장편소설 공모에 당선되며 등단하게 됩니다. 책 서문엔 이렇게 밝히고 있습니다.

"나는 처녀작 〈나목〉을 40세에 썼지만, 가히 20세 미만의 젊고 착하고 순수한 마음으로 썼다고 기억된다. 그래서인지 그것을 썼을 당시가 아득한 젊은 날 같다. 그 당시 나목을 읽는 사람들 사이엔 주인공인 화가가 박수근 화백일 거라고 알려진 듯 거기에 대한 질문을 나는 꽤 많이 받았다. 나목은 어디까지나 소설이지 전기나 실화가 아니다. 나목을 소설로 쓰기 전에 고 박수근 화백에 대한 전기를 써보고 싶었던 건 사실이지만 사실 내가 그를 알고 지낸 게 그나 내가 가장 불우했던 전쟁 중, 1년 미만의 짧은 시간이었기 때문에 전기를 쓰기엔 그에 대해 아는 게 너무 없었다. 그렇지만 예술가가, 모든 예술가들이 대구, 부산, 제주 등지에서 미치고 환장하지 않으면 독한 술로라도 정신을 흐려놓지 않으면 견뎌낼 수 없었던 1.4 후퇴 이후의 암담한 불안의 시기를 텅 빈 최전방 도시인 서울에서 미치지도, 환장하지도, 술에 취하지도 않고, 화필도 놓지 않고, 가족의 부양도 포기하지 않고 어떻게 살았나, 생각하기 따라서는 지극히 예술가답지 않은 예술가의 모습을 증언하고 싶은 생각을 단념할 수는 없었다. 그래서 된 게 나목이었다는 걸 밝히고, 이야기 줄거리는 허구이니 어디까지나 소설로 받아들여지기를 원한다."

예술가답지 않은 예술가의 모습?

미술관 기념품점에서 산 나목을 다시 읽는 내내 인연에 대해 생각했습니다. 예술가들의 인생사를 보면 여러 명의 여인을 사랑해 아내의 가슴을 아프게 했다거나 자신의 예술을 위해 가족을 떠나버린 이야기

가 많지만, 박수근은 전혀 다릅니다. 누구보다 성실한 가장으로서 가정을 사랑하고 지켰을 뿐 아니라 언제나 사랑하는 아내와 아이들이 작품 속 주인공으로 등장하고 그 모습을 따뜻함 가득 담긴 손길로 그려낸 것이죠. 그들의 사랑을 대변하듯 미술관 뒷산엔 박수근 부부가 함께 잠든 묘지도 있습니다.

사람과 그림을 그대로 담은 건축

박수근미술관은 크게 2002년에 세워진 박수근 기념전시관, 2005년에 세워진 현대미술관, 2014년에 세워진 박수근 파빌리온으로 구성돼 있습니다.

화강석으로 외관을 장식한 박수근 기념전시관은 박수근 화백의 돌 사랑을 보여줍니다. 박수근은 호가 미석(美石)일 만큼 탑과 비석 같은 석물에서 아름다움을 찾아 조형화한 것으로 유명합니다. 오래된 석물의 오돌토돌한 양감과 꺼끌꺼끌한 질감을 통해 한국적 미를 구현한 화가라는 점에서 박수근 화백의 삶과 예술세계를 보여주기에 더할 수 없이 어울리는 공간입니다.

기념전시실에는 박수근 화백의 삶과 예술을 엿볼 수 있는 자료들(시계, 인장, 안경, 연적 등 선생의 손때가 묻은 유품, 사진, 편지, 메모, 스크랩북, 잡지와 책자에 들어간 삽화, 자녀들을 위해 직접 그린 동화책 등)이 전시되어 있습니다.

연표에 나온 1926년 기록에 슬며시 미소를 짓게 됩니다. 만 열두 살 때부터 그림 재주가 뛰어나 담임 선생님과 교장 선생님으로부터 각별한 귀여움을 받았고, 이 무렵 프랑스의 농민 화가 밀레의 '만종(晩鐘)'을 원색 도판으로 처음 보고 깊은 감동을 받았다고 하네요. 그 후 흰색, 회갈색, 황갈색으로 이루어진 토속적 색채, 원근법을 무시하고 명암을 강조하는 기법 등 자신만의 미술 세계를 다지며, 밀레와 같은 화가가 되기를 꿈꾸었다고 합니다.

제4회 박수근미술상 수상자 박미화의 작품세계

박수근 미술관이 박수근 화백의 작품보다는 그의 생애를 접할 수 있는 기념관처럼 느껴진다면, 박수근 선생의 삶과 작품세계를 가장 잘 이어갈 작가로 선정된 박수근미술상 수상자 박미화 작가의 작품들은 박수근의 예술세계에 대한 지평을 넓혀준다는 점에서 인상적이었습니다. 인간실존에 대한 깊은 이해를 바탕으로 유행에 흔들리지 않으면서 깊은 고뇌와 울림이 있고 따스한 휴머니즘이 녹아있다는 평을 받는 박미화 작가의 개인전에서 그 마음을 엿봅니다.

"나의 작품은 기본적으로 개인의 삶과 그 주변과의 관계를 바라보는 시선을 형상화한다. 전시장에 설치된 다양한 무리의 형상들은 속도의 시대를 살아가는 우리에게 잠시 눈을 감고 자신의 모습을 들여다보라고 이야기 하는 것 같다. 전혀 새로울 것도 없는 재료와 기법이지

박수근미술상 수상자 박미화 작가의 작품

만, 지금 우리에게 필요한 질문들을 불러올 수 있다면 그것으로 족하다." (2013년 박미화 개인전 작가노트 중)

대지에 박수근의 영혼을 새기고 싶었던
건축가 이종호(1957~2014)

박수근 선생과 마찬가지로 건축가 이종호 선생 역시 짧은 생애를 살았다는 것이 안타깝습니다. 이종호 건축가는 파빌리온에 대해 이렇게 말하고 있습니다.

"박수근의 생가터, 양구읍 정림리에 세워진 미술관은 선생이 처음 그림에 발을 들여놓게 된 곳으로 이곳의 풍경은 선생의 그림에 어떤 원형으로 작용했을 것이다. 여기 이 미술관에서 건축이 해야 할 일은 서로를 만나게 하는 것, 새로운 장소를 만들어 내는 일임이 틀림없지만 그중에서도 중요한 것은 박수근 선생의 일생을 통해 보여준 삶과 우리를 만나게 하는 일일 것이다. 그리고 그 만남을 통하여 우리가 가지고 있을 삶의 충동을 저 심연으로부터 길어 올리게 하는 일이 될 것이다. 그러기 위해 여기 이 미술관의 건축에서는 그와 그의 작업을 경험할 수 있게 만드는 일련의 공간적 전개 과정이 가장 중요한 작업이 될 것이다. 나는 그 전체로서 대지에 미술관을 새겨나간다."

건축가가 대지를 뒤로하고 돌아섰을 때 가장 먼저 떠오른 말이 바로 윗글의 마지막 문구, "대지에 미술관을 새겨나간다." 였다고 합니다. 참으로 멋진 말이지요. 박수근의 그림은 그려진 것이기보다는

'새겨진 것', 나타낸 것이기보다는 '드러낸 것'이기에 이를 가장 잘 이해한 건축가가 그의 그림을 담을 공간을 세운 것 또한 얼마나 행운인가요.

미술관 자체가 선생과의 만남을 만들어내는 통로 역할을 하기를 바랐던 건축가의 뜻은 이루어진 듯합니다. 진입로에서 산줄기의 끝자락을 감아 도는 미술관 덩어리 자체에서부터 관람객의 경험은 시작되고, 이 화강석 덩어리는 다시 큰 덩어리와 면을 이룹니다. 화강석들은 사이사이가 시멘트 회반죽으로 채워지지 않은 채 쌓여 있고, 긴 진입로를 휘감고 돌아 들어갑니다. 선생을 만나는 길이 쉽고 짧아서는 안 된다고. 건축가는 멀리서 보았던 화강석 덩어리를 손끝으로 느끼며 돌아간 끝에는 뒷산과 하늘로만 열린 마당을 배치하고, 그 사이 냇물이 흘러가도록 했습니다. 그리고 초록 잔디 위에 '선생을 기리는 마음'을 담아 생전의 모습을 조각해놓았습니다.

박수근미술관의 가장 놀라운 점은 양구군이 무려 20여 년 넘는 세월 동안 미술관을 하나하나 탄탄하게 지어가고 있다는 점이었습니다. 다른 지자체가 쉽게 흉내 내지 못 할 일이 실현되고 있는 것이지요. 양구군은 미술관 옆 골짜기 수천 평을 추가로 확보하고 다음 공간을 계획 중이라고 합니다. 그곳엔 〈자극된 일상의 생활들: 미술 작업, 워크숍, 체류〉 등, 직접적인 체험이 가능한 장소로 만들어갈 예정이라고 전해지네요. 일회성 사업에 그치는 것이 아니라 장기 계획에 따라 진행된다는 점이 참으로 다행스럽고 고맙다는 생각이 들었습니다.

▶박수근미술관

강원도 양구군 양구읍 박수근로 265-15
매주 월요일 휴관(월요일이 공휴일인 경우 화요일 휴관)

영혼의 안식을 찾아서
서소문성지 역사박물관

살다 보면 종교가 있고 없는 것을 떠나 기도가 필요한 순간이 있고 이럴 때 우린 절이나 교회, 성당, 사원 등 일종의 영성이 가득한 공간을 찾게 됩니다. 성스러움이 느껴지는 곳이라면 종교와 상관없이 손을 모으게 되고 그 기도는 비단 나만을 위한 것이 아니라 가족 친지 같은 가까운 이에서부터 더 나아가 인류의 평화를 위한 것이 되기도 합니다. 인류의 평화가 나와 무관하지 않은 때문일 것입니다. 나를 위한 기복 기도에서 벗어날 때 그 기도는 진정한 것이 됩니다.

모두가 힘겨워하는 지금 우리에게 딱 맞는 위로의 공간이 그것도 서울 한복판에 있다니 믿기지 않았습니다. 그 적요한 공간에 머무는 동안만은 미세한 작은 움직임, 숨소리조차 기도였다고 감히 말할 수 있을 것 같네요. 그 이상 무슨 설명이 더 필요할까요. 자나 깨나 가슴속에 자식을 위한 기도를 품고 사시는 부모님을 모시고 조만간 꼭 다시 찾아가리라 다짐했던 곳. 서소문성지 역사박물관입니다.

서소문 밖 네거리의 아픈 역사

많은 장소를 일상적으로 지나쳐가지만 그 역사적 의미에 대해 알고 있는 경우는 많지 않은 것 같습니다. 어쩌다 역사적 의미를 알게 되어 눈을 부릅뜨고 찾아본 뒤에야, 그곳에 있는 것이 고작 작은 기념비나 글귀 한 줄이 다인 줄 알게 되는 경우도 많습니다. 눈에 잘 띄지도 않게 훼손되었거나 내팽개쳐진 경우도 있지요.

서소문은 서대문과 남대문 사이에 있는 말 그대로 작은 문(소문)으로, 서대문과 함께 복원되지 못한 유적 중 하나입니다. 서소문 밖 네거리는 조선 후기 죄수들을 처형하고 효시하던 장소이자, 1801년 신유박해와 1865년 병인박해에 이르기까지 많은 천주교인이 처형되었던 한국 최대의 가톨릭 순교성지로써, 조선 후기 역사와 문화, 사회적 시대상을 오롯이 간직하고 있는 장소입니다. 서소문성지 역사박물관은 천주교 박해로 희생된 분들의 넋을 위로하고, 서소문 밖 네거리가 지닌 시대의 기억과 역사적 가치를 소중히 지켜내는 동시에 생명의 공간으로 재탄생시키고자 만들어진 곳입니다.

감당할 수 없는 고통

전 세계에서 유일하게 선교사 없이 자생으로 천주교가 전파된 나라. 1784년 한국 첫 세례자 이승훈 베드로를 시작으로 흥선대원군 통치 100년까지의 천주교 역사가 이 공간에 살아 있습니다. 1984년 5월 요한 바오로 2세 교황으로부터 103명의 순교자가 시성식을 받아 성인이 되었고, 2014년 8월엔 프란치스코 교황으로부터 124명의 순교자가 시복식을 받아 복자(성인이 되기 전 단계)가 되었다고 하네요. 처절한 신앙의 모습을 웅장하고도 간결하게 품고 있는 박물관 내부는 상설전시실, 기획전시실, 콘솔레이션 홀, 하늘광장, 도서관으로 구성되어 있습니다.

순교의 길을 의미하는 조형물이 가장 먼저 보이는데 작품명이 '감당할 수 없는 고통' 입니다. 제목만으로도 그때의 수난을 가늠해보게 됩니다. 박물관 곳곳에서 종교 전시물을 볼 수 있는데, 그중 상설전시관에서는 조선 후기 천주교 사상을 포함한 서학, 동학, 그리고 각종 종교 신앙 등 다양한 사상이 형성되는 모습도 볼 수 있습니다.

작품명: 서 있는 사람들

콘솔레이션 홀

회랑으로 구성된 전시실과 도서관을 살펴보고 나서 지하 3층으로 내려가니 어두운 분위기의 홀이 나타납니다. 위로와 위안을 뜻하는 콘솔레이션(consolation)홀은 그 이름에 맞게 종교박해로 희생당한 이들의 영혼은 물론 지친 현대인들에게도 한없이 따스한 위로와 위안을 건넵니다. 사각형의 어두운 구조는 고구려 무용총의 내부구조에서 따온 것으로 순교한 다섯 성인의 유해가 묻혀 있습니다. 비어있음을 통해 그곳에 오는 누구에게나 온전히 열린 공간이 되도록 설계한 홀 안 가득 울려퍼지는 영상과 음악으로 마음이 더욱 숙연하고 경건해집니다.

하늘광장

홀에서 야외로 이어지는 문을 열고 나가면 인증 샷 명소, 하늘광장이 나타납니다. 지하 3층인데도 하늘이 뻥 뚫려 있어 지하 같다는 느낌이 들지 않지만, 붉은 벽돌로 쌓은 높은 벽에 외부 풍경이 차단되고 파란 하늘만 올려다볼 수 있다 보니 열린 감옥 같은 느낌을 줍니다. 지하의 막힌 곳에 유해가 있으면 무덤이지만, 하늘이 열려 있으면 영혼의 하늘 통로가 되듯, 건축가는 하늘로 올라가는 통로를 열어주고 싶었던 듯합니다.

'서 있는 사람들' 조각 작품은 서소문 밖 네거리 형장에서 순교한 44인을 형상화한 작품입니다. 무거운 기차가 수백 번, 수천 번 지나가는 동안 짓밟혀 누워있던 침목이 '서 있는 사람들'로 재탄생한 것입니다. 하늘을 향해 우뚝 서 있는 모습이 순교한 이들과 닮아있습니다. 더 없이 절제된 아름다움으로 가슴 시린 역사를 복원한 이곳은 2019년 서울시 건축상 최우수상을 수상했습니다.

하늘길

앙드레 지드의 '좁은 문'을 연상시키는 이곳은 순례자들이 걸어가는 하늘길을 형상화한 곳입니다. 끝없이 움직이는 바다 영상을 따라 안으로 걸어 들어가다 보면 빨려 들어가듯 하늘에 닿을 것만 같은 몽환적인 분위기에 사로잡힙니다. 지상의 삶이 순례의 여정임을 함축한 공간, 그 고독한 여정 속에서 타인의 고통을 공감하고 삶의 진정한 목적을 생각해보면서 조금이라도 세상의 빛이 되어야겠다고 결심하게 되는 공간이기도 합니다.

궁극의 진리를 향해 묵상하듯 걷게 되는 공간에서 세상의 떠들썩함에서 벗어나 잠시나마 여백의 힐링을 느껴봅니다. 선조들이 거쳐 온 고난의 역사 속에서 지금 내가 품고 있는 고민이 한없이 작아 보이게 하는 곳. 그로 인해 알 수 없는 치유를 받게 되는 곳입니다.

▶ 서소문성지 역사박물관
서울시 중구 칠패로 5
매주 월요일 휴관

콘솔레이션 홀에서 하늘광장으로 통하는 유리문

좌 진입광장의
 '순교자의 칼'
우 통로에 있는 작품
 '발아'

하얀색 줄이 하늘로 치솟은 듯한 '영웅'은 하늘광장에서 가장 눈에 띄는 작품 가운데 하나다. 우리 모두는 각자 자기 삶의 주인이며 영웅임을 표현하고 있다.

예술과 함께한 힐링 산책
안양 예술공원

관악산과 삼성산 사이에 있는 야외 미술관 안양 예술공원은 천장과 벽이 공간을 구분하는 일반적인 전시관과 달리 나무와 바위 등 주변 자연환경이 전시 공간을 구분해주는 이색 숲속 전시장입니다. 안양의 지형문화역사에서 영감을 얻은 세계적 작가들이 만든 미술, 조각, 건축, 영상 등을 만날 수 있습니다.

50여 개 세계적 예술작품이 보석처럼 박힌 둘레길

2005년부터 시작된 '안양 공공예술 프로젝트'는 안양을 예술과 문화의 도시로 새롭게 탄생시켰습니다. 나무, 돌, 흙 등 자연이 어우러진 전시장에는 국내외 유명 작가들이 각자 해석한 안양의 이야기가 예술작품이 되어 여기저기 전시되어 있습니다. 관악산 산림욕장에서부터 내려오는 맑은 계곡을 따라 산책하듯 걸으며 감상하게 되어 있는데요. 포르투갈 건축가 '알바루시자 비에이라'가 아시아에서 첫 번째로 설계한 '안양파빌리온'을 비롯해 음료 박스를 이용한 벤치, 상상 속의 동물, 투명전망대 등 기발한 아이디어로 창작된 재미있는 작품들을 볼 수 있습니다.

파라다이스 살라

안양 사원

용의 꼬리

안양전망대

환경, 순례, 놀이, 정원 등 주제별로 정리된 공원은 단순히 관찰하는 작품이 아니라 직접 만져보고 작품 내부에 들어가 볼 수도 있는 체험공간입니다. 특히, 구불구불한 등고선 모양을 따라 올라가면 만날 수 있는 전망대는 안양시 전체를 조망할 수 있어 멋진 풍광을 자랑합니다. 공원 입구에는 우리나라 현대건축의 시작을 알린 건축가 김중업 박물관도 있습니다.

▶안양 예술공원
경기도 안양시 만안구 석수동 산 21

공항 가는 기분으로 만나는 예술 공간
영종도 파라다이스시티

   얼마 전 몇몇 항공사가 비행기를 타고 싶어 하는 사람들의 꿈을 조금이라도 해소해주기 위한 아이디어로 비행기를 타고 공중을 몇 바퀴 돌다가 착륙시키는 여행 상품을 내놓았는데 반응이 매우 좋다는 이야기를 접하고는 무릎을 쳤답니다. 저 역시 달라진 언택트 시대에 국내를 여행하고 일상을 여행하는 마음으로 새로운 재미를 붙여가고 있습니다만, 그래도 가끔씩은 어디론가 비행기를 타고 훌쩍 떠나고 싶은 마음이 드는데요. 떠나봐야 고생인걸 알면서도 언제나 '여기가 아닌 저기'를 꿈꾸는 존재! 그 기분을 달래기 딱 좋은 영종도 파라다이스시티를 소개합니다.

비행기를 타지 않아도 하늘과 마음을 잇는
여행이 가능한 곳

   인천 영종도에 위치한 파라다이스 시티 호텔은 '아트테인먼트 복합리조트'를 지향하는 호텔답게 웬만한 미술관 저리가라 할 정도로 품격 있는 작품들을 만날 수 있는 공간입니다.

   중앙 홀 한쪽에 있는 '파라다이스 아트스페이스'를 비롯해 야외에 있는 '아트가든', '파라다이스 워크'와 '아트콜렉션'까지. 굳이 숙박을 하지 않더라도 수준 높은 예술 작품들을 실컷 감상할 수 있습니다. 다양한 나라의 음식과 카페도 있어서 중앙홀에 앉아 천천히 주변을 둘러보노라면 유럽의 어느 도시에 여행 온 듯한 기분마저 듭니다.

쿠사마 야요이의 '노란 호박'을 비롯해 로버트 인디아나의 '러브'와 '9'도 있습니다.

통로를 지나면 넓은 중앙 홀이 나옵니다. 거기도 다양한 작품이 전시돼 있는데, 마침 '함께' 자체가 어려운 거리두기의 시대라 그런지 두 마리 곰이 서로 껴안고 있는 'TOGETHER'라는 작품이 가슴에 쏙 안겨옵니다. '파라다이스시티'의 두 공간을 잇는 통로에 다리처럼 설치된 '파라다이스 워크'의 환상적인 푸른색 조명은 마치 다른 차원에 들어선 착각이 들게 합니다. 로비 중앙에 있는 데미안 허스트의 '골든 레전드'까지 만나고 나면 예술 감성으로 한껏 충만해져 기분이 좋아집니다. 멀리 가지 않고도 이토록 멋진 작품들을 만날 수 있다니, 이 모든 시설을 무료로 즐길 수 있다니 횡재한 기분입니다.

영종도 온 김에 근처 인천대교 기념관이나 영종 씨 사이드 파크, 을왕리 해수욕장에서 환상적 일몰까지 감상하고 돌아가시기를.

▶ 파라다이스시티호텔리조트
중구 영종해안남로 321번길 186
www.p-city.com

작품명: 위부터 반시계 방향으로 골든 레전드,
노란 호박, 파라다이스 워크, 투게더

양양 서피비치

15 언택트시대 카페가기

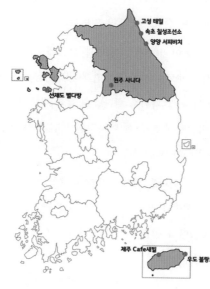

선재도 뻘다방

원주 사니다

양양 서피비치

고성 테일커피

속초 칠성조선소

제주 Cafe새빌

우도 블랑로쉐

남미풍 바다 카페
선재도 뻘다방

대부도에서 영흥도로 가는 중간 경유지로만 여겨졌던 선재도는 자연의 신비를 담은 보물섬으로 CNN이 '한국의 가장 아름다운 섬' 으로 소개하면서 더욱 그 가치를 인정받게 된 곳입니다. 바다냄새를 맡으며 시화호와 시화 방조제를 지나 대부도로 들어서면 양옆으로 열 맞춰 서 있는 바지락칼국수집이 나타납니다. 열어젖힌 창문 밖으로 목섬의 풍경이 들어오기 시작하면 뻘다방에 닿은 것입니다.

경관이 매우 아름답고 물이 맑아서 '선녀가 하늘에서 춤을 추던 곳' 이라고 이름 붙여진 선재도는 사시사철 언제라도 이름 이상의 아름다움을 발산하고 있습니다. 스타벅스 별다방을 살짝 비튼 뻘다방에 들어서면 남미의 어느 바닷가에 온 듯한 이국적인 느낌과 탁 트인 바다가 한 방에 가슴을 시원하게 뻥 뚫어줍니다.

체게바라가 그려진 창고, 바다를 향해 앉도록 배려한 노천카페, 갯벌 위에 무심히 놓여있는 해먹과 카누, 그네 같은 소품들은 요즘의 카페들이 인스타용으로 공들이기 훨씬 이전부터 세계를 여행한 주인장의 감성이 만든 하나의 세계입니다.

이곳에서는 커피 한 잔 시켜놓고 아무리 오랜 시간 동안 놀아도 뭐라는 사람 하나 없습니다. 카페의 뜰은 바다. 그러니 무한대입니다. 선재도에서 목섬까지 그려진 S자 모양의 바닷길은 마치 엄마의 탯줄같이 끊어지려야 끊어질 수 없이 이어져 있습니다. 물때가 맞으면 신발을 벗어던지고 걸어서 건너는 길은 지상에서 가장 아름다운 산책길이 됩니다. 서울에서 가까운 거리에 이토록 빠르게 기분을 "refresh" 해주는 공간이 있다니. 감사할 따름입니다.

식객 허영만이 반한 아버지의 바다

만화가 허영만은 선재도에 놀러 왔다가 뻘다방 주인장과 그 아버지의 이야기에 반해 〈식객〉 '아버지의 바다' 편을 그렸다고 합니다.

뻘다방 주인의 아버지는 대장장이였는데, 당뇨 합병증으로 시력을 잃어가자 대장장이 일을 그만두고 고기를 낚아 외지에 있는 아들을 공부시키게 됩니다. 이에 아들은 미련 없이 귀향합니다. 아들은 매일 바다로 나가 그물에 걸린 고기를 잡아 와야 하는 눈먼 아버지를 위해 집과 어장을 연결하는 '생명줄'을 만들었습니다. 집에서부터 바다에 쳐둔 그물까지 10리(약 4km)를 연결하자면 8km의 길고 튼튼한 줄이 필요했고, 아들은 그물 가게에서 질기면서도 갈고리에 걸리지 않을 매끄러운 줄을 골랐다고 하지요. 덕분에 아버지는 쇠갈고리로 줄을 훑으며 어부 일을 계속했지만, 가끔 줄이 끊어지는 사고로 아들의 속을 철렁하게 만들기도 했답니다. 이후 아들은 아버지의 삶과 바다에 대한 이야기를 사진과 글로 묶어 〈아버지의 바다〉란 책으로 펴냈고, 이 사연

일부가 허영만의 〈식객〉 18권 90화에 소개되어 있습니다.

아버지는 이미 오래전 아들 곁을 떠났지만 사진가 자우(Jawoo, 본명 김연용)라는 이름으로 세상과 소통하는 아들은 5대째 선재도에 살며 '뻘다방'을, 아버지의 바다를 오늘도 지켜가고 있습니다.

Travel Tips

✔ 선재도 가는 방법

드라이브 여행 겸 차로 가는 것이 제일 좋다. 대중교통을 이용한다면 지하철 4호선 오이도역에서 선재도 까지 가는 790번 버스가 한 시간 간격으로 다닌다. 하루 두 번 열리는 바닷길 시간에 맞춰 목섬에 들어가려면 조석표 확인은 기본.

✔ 함께 가면 좋을 곳, 대부해솔길 1코스(경기 안산)

대부해솔길은 경기 안산에 있는 시화 방조제를 거쳐 대부도로 진입하는 관문이다. 최근 대부해솔길 1코스에서 구봉도 구간만 찾는 방문객이 급증하면서 구봉도 주차장이 매우 혼잡해졌다. 걷기를 좋아한다면 11.3km 길이의 1코스 전체를 추천한다. 초반에는 밀집된 상점과 펜션이 경관을 가리고 있어 다소 실망할 수 있지만, 북망산 전망대에 오르면 시야가 트이면서 대부도의 아름다움을 만끽할 수 있다. 해솔길에는 동춘서커스 상설공연장, 시화조력발전소 기념관 등 다양한 볼거리가 있어 지루할 틈이 없다. 1코스 종점에서는 대중교통을 이용하기가 어려운 만큼 사전에 버스 정보를 확인하는 것이 좋다. 4시간 정도 걸린다.

산 하나를 통째로!
원주 사니다

　제주에 '카페 바다다'가 있다면 원주에는 '사니다'가 있습니다. 해발 280m 산속 9만여 평을 정원으로 조성한 이곳은 최근 드라마 '사이코여도 괜찮아'에 등장하면서 핫 플레이스가 되었습니다. 평소 산을 좋아하는 주인장이 풀과 나무가 우거져 이동조차 어려웠던 산속을 무려 3년에 걸쳐 산책과 휴식을 즐길 수 있는 공간으로 만들었다는 것에 고마운 마음이 저절로 듭니다.

　커피 한 잔 값이면 멋진 뷰를 가진 1층과 2층, 주변 산이 파노라마로 펼쳐지는 루프탑은 물론 넓은 야외석과 정자까지 누릴 수 있는, 답답함에 지친 사람들에게 힐링의 시간을 선물하는 선물 같은 공간이 아닐 수 없습니다. 인공적인 느낌을 최대한 배제한 산속 정원 곳곳에는 편안한 돌의자, 벤치, 해먹이 마련되어 있어서 자연의 바람을 맞으며 아무 데나 눕거나 앉아 휴식을 취할 수 있습니다. 광장 왼쪽에는 작은 폭포가 흐르는 미니 연못도 있고 정상으로 연결된 산책로를 따라 올라가면 산 다래 숲과 대박 터널도 나옵니다.

　산책로를 따라 30분 정도 거닐며 맑은 산속 공기를 마셔봅니다. 길 따라 벚나무, 단풍나무, 자작나무를 만날 수 있고 늦가을엔 낙엽이 뒤덮인 길을 걸을 수도 있습니다. 능선으로 올라서니 사방 풍경이 좌르

르 펼쳐지는 '바람의 언덕'이 있습니다. 산 정상에서 맞는 바람이 스트레스를 한방에 날려줍니다. 오전 10시부터 밤 10시까지 운영되므로 운이 좋다면 세상 부러울 것 없는 석양과 별이 쏟아지는 하늘도 볼 수 있습니다.

언택트 시대다 보니 여기저기 문을 닫은 곳이 많습니다. 원주의 유명한 명소 소금산 출렁다리도 박경리 문학공원도 문을 닫았지만 그래도 발걸음이 헛되지 않은 건 산이 주는 힐링과 가벼운 운동을 겸할 수 있는 카페 사니다 덕분입니다.

▶원주 사니다
강원 원주시 호저면 칠봉로 109-128
대표전화 070-7776-4422
연중무휴 매일 10:00~22:00
blog.naver.com/sanida1125

이비자 안 부러운 이국적인 바다카페
양양 서피비치

40년 만에 개방된 이국적인 청정해변에서 즐기는
짜릿한 설렘!

양양 죽도해변에서 시작한 서핑 구간이 넓어지면서 생긴 이곳은 시즌 땐 서프보드를 끼고 해변을 달리는 젊은 서퍼들을 위한 곳이지만, 서핑을 즐기지 않더라도 1km에 이르는 모래사장에 펼쳐진 넓은 해변 카페에서 이국적 정취를 즐기기에 더없이 근사합니다.

서핑전용해변과 해수욕객을 위한 스위밍존, 해먹존, 빈백존 등으로 구분되어 있으며 모래사장위의 노천 펍과 라운지, 편안하게 쿠션에 누워 노을과 바람을 즐 길 수 있는 루프탑도 있습니다. 모래사장에 새겨진 서피비치 심볼 앞에서 인증샷도 찍고 이국미 넘치는 플레이그라운드에서 노을을 보며 스트레스를 날려보는 건 어떨까요.

▶ 양양 서피비치
강원 양양군 현북면 하조해안길 119 (중광정리 508)
고객센터 033-672-0695 (고객센터 운영시간 09:00~18:00)

바닷가 피크닉, 그림 같은 하루
고성 테일커피(피크닉 카페)

경기가 안 좋다고들 하지만 이런 시국에도 기발한 아이디어로 고객을 유혹하는 곳들이 있습니다. 테일커피는 "뭐 이런 곳에 카페가 있다고?" 묻고 싶어지는 곳입니다.

상업적인 공간이라고는 전혀 없을 것처럼 보이는 동네 어귀에 마을 회관이 있고 동네 할머니들이 공동 작업을 하려고 모인 듯 바닥에 철퍼덕 편안히 앉아 담소를 나누는 모습이 정답기 짝이 없습니다. 마을 회관 앞에 주차하고 나니 표식이 눈에 들어오네요. 허름한 나무판자에 대충 쓴 손 글씨의 '테일커피'라는 팻말이 마치 시골 담벼락에 쓰여 있는 '개조심'이란 문구처럼 소박합니다. 요즘은 아무리 외진 곳이라도 뭔가 색다른 매력만 있다면 금방 명성을 얻습니다. 그렇게 찾아간 카페에는 젊은이와 중년 커플이 반반 정도 섞여 있습니다. 얼마 전 텔레비전 프로그램 '동네 한 바퀴'에 나왔다는군요.

옛집을 그대로 살려둔 외관에 평범해 보이는 카페 문을 열고 들어서니 어디선가 검정개가 쪼르르 달려 나옵니다. 이 강아지 이름이 '테일커피'라고 하네요. (애견인에게 기쁜 소식. 반려견 출입이 가능합니다.) 안으로 들어서니 원래의 구조를 살려 구획으로 나뉜 공간에 테이블과 의자가 여기저기 놓여 있습니다. 아기자기하고 아늑한 분위기입니다.

이 카페의 유명세는 '피크닉 세트'에서 나옵니다. 카운터 앞에
예쁜 바구니와 담요가 놓여있는데, 이 중 하나를 고르면 그 바구니 안
에 핸드드립 커피 한 주전자와 예쁜 컵, 마들렌 2개, 자연풍광이 담긴
엽서 한 장을 담아줍니다. 이 피크닉 세트를 가지고 5분 거리에 있는
가진해변으로 나가 모래사장에 '나만의 오션 뷰 카페'를 차리는 거
죠. 바다 앞에서 소풍 온 느낌으로 찍은 사진은 요즘 세대들이 원하는
감성을 제대로 자극해줍니다. 대여비용은 한 시간 반에 1인당 8천원.
더 추워지기 전에 커피 소풍을 하러 다시 가볼 예정입니다.

▶고성 테일커피
강원 고성군 죽왕면 가진길 40-5

오래된 장소의 재발견
속초 칠성조선소

　벗겨진 페인트칠. 아무렇게나 무심히 내던져진 호수는 리스본의 폰토 피날을 연상시키기에 충분했습니다. 2층 카페에 앉아 오래오래 그곳을 추억했어요. 속초에 독특한 개성을 뽐내며 핫플레이스로 떠오른 칠성조선소는 낡음을 멋짐으로 재탄생시킨 카페 겸 박물관입니다. 1952년 개업해 65년간 어업용 목선을 만들어온 조선소이자 배 정비소가 문을 닫게 되자, 뜻있는 젊은이들이 모여 카페, 갤러리, 공연장으로 구성된 복합 문화공간으로 변신시켰습니다.

　초입에 있는 칠성조선소 '뮤지엄 살롱 오픈팩토리'라는 작은 전시공간에 들어가 봅니다. 이곳이 과거 어떤 공간이었는지를 살펴볼 수 있습니다. 작은 목선이 눈길을 끌고, 옛 작업장의 흔적과 배 모형, 선

박 부품들도 전시되어 있습니다. 배 목수의 이야기를 담은 영상물 시청 공간에 잠시 앉아 그들의 이야기에 귀 기울여 봅니다.

살롱이라 불리는 카페로 들어갔습니다. 과거에 조선소 가족들이 살던 곳인데 카페 내부로 들어가면, 탁 트인 개방감이 먼저 다가옵니다. 2층 건물이지만 테이블 수가 많은 편은 아니었어요. 거리두기가 일상인 언택트 시대인 만큼 오히려 복닥복닥하지 않아서 좋았습니다.

날이 좋으면 커피를 들고 나와 조선소 주변을 둘러보는 것도 운치 있을 것 같아요. 레트로와 결합한 독특한 분위기가 향수를 자아내는 이곳에서 하염없이 청초호를 바라보고 있노라면 어느새 힐링이 됩니다.

▶속초 칠성조선소
강원 속초시 중앙로46번길 45
석봉도자기미술관 앞 무료 주차장 이용

새별오름을 한눈에 볼 수 있는,
제주 Cafe 새빌

새별은 '초저녁에 외로이 홀로 뜬 샛별'이라는 뜻입니다. 가을이면 억새로 덮인 새별오름을 오르곤 했어요. 와인 한 병 가지고 가서 바람 휘날리는 곳에 자리를 펴고 앉아 피크닉도 했었죠. 그런 새별오름이 이효리 덕분에 유명세를 타더니, 젊은이들의 인증 샷 장소가 되었습니다.

이번에 가니 아주 멋진 베이커리 카페가 생겼더군요. 요즘은 어디나 베이커리 카페입니다. 우리나라 사람들이 빵을 이렇게 좋아했나 싶어지기도 하고, 베이커리 카페 때문에 빵을 점점 많이 먹겠다는 생각도 듭니다.

오픈 시간인 9시 반에 맞춰 찾아간 새빌카페는 정말 근사했어요. 오름을 오르지 않고도 오름을 오른 것 같은 느낌을 받기에 충분할 만큼 오름이 온 가슴으로 안겨왔습니다. 오래된 그린 리조트 호텔의 외관은 그대로 두고 내부 인테리어만 손 봐서 만든 카페가 이 정도라면 성공이라고 할 수 밖에요. 통유리를 통해 한눈에 들어오는 풍경화는 세상에서 가장 싱그럽고도 거대한 그림이 되어줍니다. 오름을 오르고 억새들 사이를 걷는 것만큼 차분히 앉아 커피와 따뜻한 빵을 마주하며 바라보는 오름도 좋았습니다.

이곳에선 정월 대보름 전후로 제주들불축제가 열립니다. 들불을 놓아 오름을 태우는 것인데, 화산폭발을 연상케 할 정도로 장관이라니 다음엔 이 날짜에 맞추어 가봐야겠습니다. 입구에서 말과 양떼도 볼 수 있고 잘 수 있는 카라반도 있습니다. 카라반에 묵으며 새벽에 오름을 오르는 것도 좋을 것 같습니다.

"제주사람은 오름에서 태어나 오름으로 돌아간다."는 말도 있듯 오름을 통해 제주만의 독특한 무덤문화도 볼 수 있습니다. 사방이 야트막한 현무암으로 에워싸인 탁 트인 공간에 놓인 무덤은 슬픔보다는 평온함을 줬습니다. 두려움보다는 휴식의 느낌을 주는 무덤. 이곳에 묻힌다면 그대로 별이 될 것 같습니다.

갈 때마다 끝도 없는 매력에 반하고 마는 제주에는 368개의 오름이 있는데, 새별오름은 그중에서도 가장 사랑받는 오름 중 하나입니다. 제주를 처음 여행하는 이들은 주로 서귀포나 중문을 갑니다. 그 다음엔 올레길을 걷기 시작하지요. 올레는 그동안 몰랐던 제주를 느끼기에 충분합니다. 그러다 제주를 더 많이 찾게 되었다면 오름에 중독된 자신을 만나게 될지도 모릅니다.

오름은 가장 제주다운 제주. 때 묻지 않은 제주. 너무나 거대해서 내 것으로 느껴지지 않는 한라산이나 변덕스런 제주 바다와 달리 한품에 들어올 것만 같은, 나만의 제주입니다.

제주에는 368개의 오름이 있는데,
새별오름은 그중에서도 가장 사랑받는 오름 중 하나다.

새별오름의 전경을 마주하고 즐기는 빵과 커피,
Cafe새빌의 매력이다.

유럽 휴양지에서 맛보는 땅콩 아이스크림 맛
우도 블랑로쉐

15년 만에 다시 우도에 갔습니다. 성산항이나 종달리항에서 배를 타면 금방 도착하지만 섬 속의 섬이란 처지가 그러하듯 생각만큼 쉽게 닿지는 못합니다. 며칠 제주에 머물며 '큰 맘' 먹고 다시 찾은 우도는 전과는 많이 다라진 모습이었어요. 선착장에 내리니 여러 전기차 대여업체가 반겨줍니다. 느리게 천천히 경치를 감상하고, 내려서 인증 샷도 찍고, 비양도나 우도봉을 걸어보기도 하면서 한 바퀴를 돌아도 한 두 시간이면 되기 때문에 반나절 정도면 우도를 충분히 경험할 수 있습니다.

그중에서도 하고수동 해변가에 자리 잡은 유럽풍 휴양지 느낌의 카페 블랑로쉐가 좋았습니다. 양쪽으로 해변이 통째로 내다보이는 기가 막힌 전망 덕분에 창가 자리를 차지하기는 어렵지만, 어디에 앉더라도 바닷가에 있는 느낌을 즐기기에 충분했어요. 날씨가 좋을 땐 야외에서 호젓한 전망을 즐겨보는 것도 좋겠습니다.

우도의 명물은 땅콩. 우도 땅콩으로 만든 아이스크림과 라떼를 먹어보세요. 이곳 땅콩 라떼는 그 맛을 인정받아 기성제품으로 상품화되기도 했다는데, 정말 단숨에 들이킬 정도의 맛이었습니다. 돌아온 뒤에도 자꾸만 생각나는 맛입니다.

▶우도 블랑로쉐
제주시 우도면 우도해안길 783
오픈시간 11:00-17:00

16

파스텔빛향수가득한
벽화마을걷기

부산 감천문화마을

통영 동피랑 서피랑

부산 감천문화마을

통영
동피랑 서피랑

수많은 사람이 왔다가 떠나고, 다양한 물건들이 오가는 항구는 국가를 막론하고 독특하고 아련한 정취가 있는 것 같습니다. 남미 여행 길에서 만난 칠레 발파라이소나 샌프란시스코의 벽화 골목, 멜버른의 골목까지 세계 곳곳을 장식하는 벽화는 그곳만의 애환과 정서를 잘 표현해줍니다.

피난민의 애환이 서린 벽화마을
부산 감천문화마을

　감천문화마을은 6.25 피난민의 힘겨운 삶의 터전에서 시작되어 현재에 이르기까지 부산의 역사를 그대로 간직하고 있는 곳입니다. 낙후된 달동네였던 이곳은 문화예술을 가미한 도시재생사업으로 지금은 연간 185만 명의 국내외 관광객이 다녀가는 부산의 대표 관광명소가 되었습니다. 산비탈을 따라 계단식으로 들어선 파스텔톤 집들과 미로같은 골목길에 그려진 다양한 형태의 작품을 감상하노라면 시간 가는 줄 모르는 곳입니다. 어디에서 찍더라도 인생샷을 건질 수 있는 곳이지만, 특히 '물고기 담벼락', '등대', 그리고 '어린 왕자'는 언제나, 누구에게나 멋진 추억을 선사하는 대표적인 포토존입니다.

　이렇게 오르락내리락 골목을 다니다보면 출출해지는데요. 감천문화마을은 벽화뿐만 아니라 다양한 길거리 음식과 전망좋은 카페, 아기자기한 기념품샵으로도 유명합니다. 어디서나 만날 수 있는 일반적인 먹거리가 아니라 피카츄돈까스, 캐릭터 솜사탕, 물방울 떡 같은 생경한 이름의 간식거리가 호기심을 자극하면서 여행의 즐거움을 더해줍니다.

　걷다가 문득 나타나는 감천문화마을의 역사 안내 표지를 주의 깊게 읽고 기념관도 들러본다면 부산에 대한 이해도 깊어집니다. 감천문화마을의 인기는 흰여울마을과 깡깡이마을로 이어지고 있어요. 함께 여행해도 좋을 듯합니다.

▶부산 감천마을
부산연에서 1호선 이용 토송역 하차 후 6번 출구 앞에서 마을 버스 서구 2, 서구 2-2 이용

국내 최초 벽화마을
통영 동피랑 서피랑

도시재생 사업의 붐으로 요즘은 전국 어디서든 쉽게 벽화를 볼 수 있지만 사실상 마을 전체가 철거 위기에 놓였던 2007년 무렵, 철거 대신 벽화를 도입해 마을 전체가 되살아난 최초의 계기가 된 곳이 바로 통영 동피랑입니다. 이곳은 다른 벽화마을들과 달리 갈 때마다 새로운 느낌을 주는데요. 2년마다 벽화를 다시 그리기 때문이라고 합니다. 동피랑 벽화마을에 올라 강구안쪽을 내려다보면 오목한 바다를 품고 올망졸망 들어선 항남동의 풍경이 정겹게 다가옵니다.

강구안을 사이에 두고 동쪽에 동피랑이 있다면 서쪽에는 서피랑이 있습니다. 동피랑이 사람들로 북적대는 핫 플레이스라면 서피랑은 느긋하게 산책하기 좋은 동네입니다. 서피랑엔 한 걸음 한 걸음 올라갈 때마다 아름다운 선율이 울려 퍼지는 99개의 피아노 계단을 비롯해서 동피랑과는 또 다른 매력의 벽화들이 마을 탐험을 즐겁게 해줍니다. 동피랑에 동포루가 있는 것처럼 서피랑에도 조선 시대 왜구 침입을 감시하던 서포루가 있는데 이곳에 앉아 느긋하게 바다를 감상한다면 아름다운 하루 산책이 완성될 것입니다.

Travel Tips

✓ 동피랑 마을길 코스

중앙시장(나폴리 모텔) → 까망길 → 동피랑 갤러리 → 빠담빠담 드라마 촬영지 → 동피랑 구판장 → 동포루

(경남 통영시 동피랑 1길 6-18, 강구안문화마당 옆 주차장 주차)

✓ 서피랑 마을길 코스

서호시장(새터시장) → 명정동주민센터 → 서피랑 왕자 → 99계단 → 전기불터 → 명정샘 → 백석시비 → 공덕귀 여사 생가 → 서피랑 터널 → 서포루 → 벼락당과 후박나무 → 피아노계단 → 한산대첩 병선마당

(경남 통영시 충렬로 22(서호동 8-2) 공영주차장 주차)

사진 출처: 통영시청 홈페이지 www.tongyeong.go.kr

토스카나안부러운
팜 스 테 이

17

고창 상하농원 파머스빌리지

고창 상하농원
파머스빌리지

멀리 이탈리아 토스카나를 가지 않더라도 1박 2일이면 유럽 한가운데서 팜스테이 하는 기분을 만끽할 수 있는 곳이 있습니다. 아침에 눈을 떠 창문을 열면 초록으로 물든 한적한 농촌풍경이 한눈에 들어오는 곳, 따스한 창가에서 건강식으로 아침을 먹고, 마음 내키는 대로 목장길을 따라 이리저리 걷다보면 한가롭게 풀을 뜯는 젖소도 만나고 아직 잠에서 덜깬 너무도 귀여운 양떼들도 만날 수 있는 곳, 밤에는 침대에 누워 천장에 난 창을 통해 쏟아지는 별을 헤일 수도 있는 곳. 농촌에서의 목가적인 하룻밤이 현실이 되는 고요하고도 창연한 곳. 고창 상하농원입니다.

목가적 풍경 속을 산책하며 힐링

상하농원은 전북 고창군 상하면 약 3만평 대지에 조성된 농어촌 테마공원으로 농림축산부와 고창군, 매일유업이 공동 투자해 2016년 공식 개장했습니다. 농수산업과 제조업, 서비스업이 복합된, 보기 드문 농촌체험형 공간인데요. 좋은 먹거리를 짓고, 세상 사람들과 함께 즐기는 가치를 전하기 위해 '짓다, 놀다, 먹다'라는 콘셉트로 조성된 상하농원의 건축물은 친환경 재료로 지어졌고, 자연과 어우러진 초록 산책길은 마치 유럽 농가에 온 듯한 이국적인 느낌을 줍니다.

농원 속 파머스빌리지

상하농원 내 건축 디자인의 하이라이트는 지난해 문을 연 '파머스 빌리지' 입니다. 자연 속에서 농장체험을 즐길 수 있도록 마을의 곡식·목초 등을 모아두었던 헛간을 모티브로 지어졌다고 합니다. 편백, 삼나무, 오동나무를 주로 사용해 객실마다 피톤치드 효과를 느낄 수 있도록 했으며, 화장실 휴지 걸이 하나까지도 나무를 사용하는 등 사소한 것들 하나하나가 자연과 가까운 농가 호텔만의 분위기를 느끼게 합니다.

침대를 둘러싼 커다란 나무 프레임이 통나무로 만든 아늑한 오두막 집에 누운 기분마저 들게 하네요. 거대한 온실처럼 통창으로 꾸민 파머스 테이블은 아침에는 조식 뷔페식당, 오후에는 카페, 저녁에는 라운지로 변신합니다. 투숙객이 아니어도 제철 농산물로 만든 조식 뷔페와 커피를 즐길 수 있습니다.

먹거리 공방, 동물 목장 체험

상하농원이 다른 체험 공간보다 특별한 또 하나의 이유는 장인들이 공 들여 생산하는 식료품 가공 과정을 직접 체험할 수 있다는 것입니다. 된장, 간장 같은 각종 발효식품과 햄, 치즈, 소시지 과일잼 등 건강한 먹거리를 만들어 볼 수도 있고, 차로 10분 거리에 있는 구시포에선 세상 가장 황홀한 낙조와 수산물도 맛볼 수 있습니다. 텃밭에선 배

추, 고구마, 옥수수, 블루베리를 비롯한 각종 농작물을 심고 가꾸고 있어서 철마다 작물 수확체험도 가능합니다.

고창군 50여 개 농가와 계약을 맺고 농부들이 직접 재배한 농산물과 먹거리를 살 수 있는 농원상회와 돼지, 면양, 산양, 젖소 등의 동물들에게 먹이를 주고 가까이 다가가 교감할 수 있는 동물 농장이 농원 내에 조성돼 있는 것도 이곳을 더욱 특별하게 만들어 줍니다.

▶파머스빌리지
전북 고창군 상하면 상하농원길 11-23, 1522-3698
www.sanghafarm.co.kr

Travel Tips

✓ 1박 2일 고창 여행 추천 루트

선운사 → 구시포 해변 일몰 → 상하농원 파머스빌리지(숙박) → 고창읍성 → 고인돌유적, 고인돌박물관 → 보리나라 학원농장

18

한 국 의 세 도 나 에 서
기 운 받 기

진안 마이산, 홍삼스파

진안 마이산,
홍삼스파

한국의 세도나
마이산

'무진장(茂鎭長)'이라는 말을 한번 쯤 들어보셨을 겁니다. 전라북도 무주, 진안, 장수의 앞 글자에서 따왔다는 말도 있지만, '무진장(無盡藏)'은 '엄청나게 많고 다함이 없는 상태'를 나타내는 불교용어라고 하지요. 이를 안도현 시인이 '무주진안장수/눈온다/무진장 온다'라고 무진장을 오지의 대명사로 표현하면서 생긴 오해라고 하는데요. 이처럼 오지로 여겨진 낯선 이름 진안은 실제로는 대전에서 한 시간 남짓 걸리는 가까운 곳이었어요. 어쨌든 무진장지역은 우리나라 내륙의 대표적 산악지대로 자연경관이 무진장 많다는 건 사실입니다. 사람들 또한 '무진장' 정도 많고, 눈물도 많고, 웃음도 많고요.

고속도로를 달리다가 멀리서부터 한눈에 들어오는 두 개의 기이한 봉우리가 바로 마이산(馬耳山)입니다. 프랑스 미슐랭 그린가이드에서 만점을 받은 우리나라 최고 명소의 하나인 마이산은 1979년 도립공원으로, 2003년 대한민국의 명승 제12호로 지정되었습니다. 신라 시대에는 서다산(西多山), 고려 시대에는 용출산(龍出山), 조선 초기에는 속금산(束金山)이라고 불리었는데, 태종 때부터 말의 귀를 닮았다 하여 마이산으로 불리고 있다네요.

어느 방향에서나 눈에 띄는 마이산은 계절마다 다른 이름으로 불립니다. 봄에는 안개를 뚫고 나온 두 봉우리가 쌍 돛배 같다 하여 돛대봉, 여름엔 수목이 울창해져 용의 뿔처럼 보인다 해서 용각봉, 가을에는 단풍 든 모습이 말의 귀 같다 해서 마이봉, 겨울에는 눈이 쌓이지 않아 먹물을 찍은 붓끝처럼 보인다고 해서 문필봉. 계절마다 각기 다른 느낌의 풍경도 보고 싶어집니다.

마이산은 봉우리 전체가 역암층인 산으로 암마이봉과 숫마이봉으로 구성되어 있습니다. 중생대 후기 약 1억 년 전까지 호수였다가 7천만 년 전 지각 변동으로 융기되어 지금의 마이산이 이루어졌는데, 지금까지도 민물고기 화석이 발견된다고 하니 신기할 따름입니다.

마이산을 남쪽에서 보면 봉우리 중턱 급경사면에 군데군데 마치 폭격을 맞았거나 파먹은 것처럼 움푹 팬 크고 작은 굴들을 볼 수 있는데, 이것을 타포니 지형이라고 한다네요. 풍화작용은 보통 바위 표면에서 시작되나 타포니 지형은 바위 내부에서 시작해 내부가 팽창되면서 밖에 있는 바위 표면을 밀어내는 과정을 거쳐 형성되는 것으로 세계에서도 드문 사례로 꼽힌답니다.

기도발이 가장 세다는 마이산 탐사!

마이산을 탐방하는 방법은 남쪽에서 올라가는 방법, 북쪽에서 내려오는 방법이 있습니다. 동쪽에 솟아있는 숫마이봉은 680m, 서쪽에 솟아있는 암마이봉은 686m로 전체가 바위로 된 산이지만 관목과 침엽

수, 활엽수 등이 군데군데 자라고 있고, 화암굴, 탑군, 금당사, 조선 시대 태조가 백일기도를 드렸다는 은수사 등이 있습니다.

두 봉우리 사이의 남쪽 계곡에는 돌로 쌓은 탑사가 있습니다. 탑사에 있는 돌탑 무리는 고종 25년(1885년)경에 임실에 살았던 처사 이갑룡(李甲龍)이 수행을 위하여 마이산 밑으로 이주한 뒤 30여년에 걸쳐 108기의 돌탑을 혼자 축조한 것으로 지금은 약 80여기가 남아 있습니다.

이갑룡은 스물다섯 살에 마이산에 입산하였는데 임오군란이 일어나고 전봉준이 처형되는 등 시대적으로 뒤숭숭해지자, 백성을 구하겠다는 구국일념과 기도로 탑을 쌓기 시작했다고 전해집니다. 솔잎을 생식하며 수도하던 중 마이산신의 계시를 받아 만불탑을 쌓았다는 것이지요.

천지탑은 높이 13m의 원뿔 형태로 하나의 몸체로 올라가다가 두개의 탑을 이루는 특이한 모양입니다. 탑은 음과 양을 뜻하는 것으로 오른쪽이 하늘, 왼쪽이 땅을 뜻한다고 합니다. 음양오행 조화의 극치를 보여줌과 동시에 마치 한 쌍의 부부처럼 탑사 한가운데 자리 잡고 세련미와 웅장함을 내뿜고 있는 것이 마이산 산세와도 무척 잘 어우러집니다. 또한, 33신 장군탑에 둘러싸여 있는데 33신 장군탑이 천지탑을 보호한다는 의미라고 합니다. 천지탑 남서쪽으로 단을 이루고 그 앞에 동, 서, 중, 남, 북을 뜻하는 오방탑이 배열되어 있는데 이는 목, 화, 수, 금, 토의 오행을 뜻합니다.

기록에 의하면 1927년까지 이갑룡 처사는 불교를 표방하지는 않았다고 전해집니다. 그러나 마이산을 찾아 치성을 드리는 사람들의 수가 늘어나자 자연스럽게 삼신상과 불상이 안치되어 사찰화 되었다고 하네요. 천지탑을 중심으로 음기와 양기가 나와서 음이온 명상도장에는 많은 기체험자들이 찾고 있다고 합니다.

건강 기운 제대로 받는
홍삼스파

진안이 홍삼으로 유명하다는 걸 아는 분은 많지 않은 듯합니다. 해발고도 400m 고지대의 사질 양토에서 자란 진안 인삼은 조직이 치밀하고 맛과 향이 진하며, 사포닌과 진세노사이드 성분을 다량 함유하고 있다고 합니다. 이런 특징을 살려 홍삼의 고장으로 자리매김하기 위해 홍삼 축제를 열고 있으며, 동의보감 근원인 양생을 기초로 고품격 힐링 공간, 홍삼 스파를 운영하고 있습니다.

사방이 탁 트인 뷰를 자랑하는 루프탑의 노천 스파에서는 마이산을 정면으로 바라보고 있으면 좋은 기운을 받는다는 느낌이 저절로 듭니다. 버블 테라피, 머드 테라피, 스톤 테라피를 비롯한 다양한 스파 프로그램은 두세 시간은 족히 걸릴 정도로 품격 있는 코스를 자랑합니다.

위 마이산 호수
아래 천반산 감입곡류하천, 수선루

Travel Tips

✓ **마이산 관광안내소**

전북 진안군 마령면 마이산남로 367 (동촌리 8)

남부 관광안내소 063)430-2651, 북부 관광안내소 063)433-2652

✓ **진안 홍삼스파&홍삼빌**

전북 진안군 진안읍 외사양길 16-10 (단양리 743, 744번지), 1588-7597

✓ **마이산 일대 추천 여행 루트**

마이산(남부주차장 → 돌탑군(탑사)) → 수선루 → 천반산 지질공원 → 홍삼스파

✓ **함께 가면 좋을 곳**

*천반산: 중생대 백악기의 융회암으로 구성된 천반산은 산 정상 부근으로 갈수록 평평해지는 특이한 지형구조다. 천반산 주변을 U자 형태로 굽이쳐 흐르는 감입곡류하천지형은 생태학적, 고고학적 중요성을 지녔다. 조선 시대 정여립 장군에 대한 전설이 곳곳에 남아있다.

*수선루: 조선숙종 12년, 연안 송씨 4형제가 조상의 덕을 기리기 위해 지은 목조 건축물. 마이산 역암에 형성된 거대한 타포니안에 자리 잡고 있는 특이한 형태의 정자이다.

아원고택

19

완 소 고 택 에 서
특 별 한 하 룻 밤

완주 소양고택, 아원고택

비가 왔습니다. 누군가 고택과 비는 찰떡궁합이라 합니다. 맑으면 맑은 대로 비가 오면 오는 대로 즐길줄 아는 여행가의 자세를 다시 한번 되새깁니다.

전주에서 고작 20여 분 거리에 있는 완주는 이번이 처음이었습니다. 가는 곳마다 'BTS 힐링 성지'라는 푯말이 붙어 있네요. 이곳은 최근 전 세계적으로 인기를 끌고 있는 7인조 남성 아이돌 그룹 방탄소년단(BTS)이 '2019 서머패키지 인 코리아' 화보와 뮤직비디오를 찍은 덕분에 세계적 관광지로 떠올랐다고 합니다. 그동안 사이판, 필리핀, 두바이 등 해외에서 촬영해 왔다가 국내 촬영지로 처음 선택한 곳이 완주였기 때문입니다.

전라북도권에서는 몰라도 전국적으로는 그리 많이 알려지지 않은 '완주'는 유명해지고 싶은지 아닌지 잘 모르겠다는 느낌이 들 정도로 고즈넉했습니다. 문득 복잡한 서울에 살지 말고 이곳에서 조용히 숨은 듯 사는 것도 좋겠다는 생각이 들게 하는 곳입니다. 사랑하는 이에겐 한번 가보자고, 살아 보자고도 하고 싶은 곳이지만 잘 모르는 사람에겐 심통 맞게도 알려주고 싶지 않은 곳. 나만이 알고 싶은 곳. 완주입니다.

기품 있는 문화공간에서 힐링 스테이
소양고택

전주를 포근히 감싸 안고 있는 완주는 나대지 않지만 저절로 기품이 드러나는 여인과도 같은 분위기입니다. 잔잔하면서도 가히 국내 최고라 할 만한 외면과 내면을 갖추었네요.

완주 소양면 대흥리에는 한옥 23채가 모여 있는 오성 한옥마을이 있는데, 그중 소양고택, 아원고택이 가장 유명합니다. 수국인데 멜론 색깔이라 멜론 수국이라 내 맘대로 이름 붙였던 꽃의 이름은 목수국(나무수국) 라임라이트. 소양고택은 목수국을 닮았습니다.

고창과 무안의 철거 위기에 놓인 130여 년 된 고택 3채를 문화재 장인들이 직접 해체해 이축하여 복원했다는 소양고택 일원은 우리 고유의 전통미와 현대적 실용성을 겸비한 품격 있는 문화공간입니다.

종남산의 수려한 풍광이 들어와 앉아 있는 방을 비롯한 넓은 잔디밭과 소나무, 밤나무, 대숲, 연못 등 정성들여 가꿔진 정원은 도심 생활의 긴장과 고됨을 위로하고 넉넉하게 품어주고, TV, 와이파이 같은 문명의 익숙함을 최소화함으로써 여행자는 오직 고요한 자연 속에서 진정한 한옥의 멋을 경험할 수 있습니다.

"고택(한옥)의 가치와 문화를 누군가는 계승해야 한다는 마음으로 임하고 있다." 는 소양고택 대표의 말을 듣고 있노라면, 고택 스테이라는 것이 단순히 하룻밤의 한옥 체험이 아니라 역사의 시공, 그리고 그 속을 채워가는 사람들과의 만남이라는 생각이 들고, 그런 기회를 접했다는 것이 행운이란 생각마저 듭니다.

고택 스테이를 더욱 멋스럽게 하는 한옥 서점 플리커 책방과 두베 카페. 개인 서재도 마련돼 있는 플리커 책방은 한나절 콕 박혀 책속 여행을 하고 싶은 마음이 들게 하는 최고의 독서 공간을 제공합니다. 가끔, 이름만 들어도 알만 한 작가의 북 토크도 열립니다. 카페이자 소양 고택 숙박객의 아침 식사 장소인 두베 카페 역시 종남산을 향해 탁 트인 전망과 세련된 인테리어로 여행자들에겐 이미 인스타 성지입니다.

오른쪽 플리커 책방
아래 소양고택

산을 통째로 담은 액자
아원고택

2016년 문을 연 '아원(我園·우리들의 정원이라는 뜻)고택'은 BTS(방탄소년단)가 화보를 촬영한 곳이기도 한데, 하룻밤 자는 값이 일류 호텔급입니다. 굳이 비싼 숙소에 묵지 않더라도 1만원에 갤러리도 돌아보고, 인스타 명소로 유명한 전망 좋은 한옥카페에서 차 한 잔도 즐길 수 있습니다. 입구가 있는 1층에서 본 아원은 콘크리트로 지은 현대적 건축물 이지만 안으로 들어가면 바로 갤러리가 나옵니다. 여백을 살린 공간과 잘 어울리는 작품들, 개폐식 천장이 자연스럽게 만들어낸 은은한 빛과 잔잔한 음악은 설렘과 평화로움을 동시에 안겨줍니다.

계단을 따라 바깥으로 나오자 개벽이라도 한 듯, 현대적인 건축물과 완전히 대비되는 고풍스러운 한옥세상이 펼쳐졌습니다. 만휴당과 안채, 사랑채, 별채로 구성돼 있는데 안채와 사랑채는 경남 진주의 250년 고택, 전북 정읍의 150년 고택을 그대로 옮겨 온 거라고 하네요. 기본 뼈대는 그대로 살리고 서까래와 기와만 교체해서 터를 잡고 지금의 모습을 갖추기까지 15년이나 걸렸다니. 우리나라에도 이런 장인이 있구나, 안심이 되면서 그 시간과 노력의 가치가 단번에 와닿습니다.

진짜는 설명이 필요없는 법이죠. 한옥 흉내만 낸 인스터트 건물들에서는 결코 느낄 수 없는 아우라를 마음껏 즐깁니다. 한옥채 사이를 오가는 길은 마치 깊은 숲속으로 빠져 들어갔다가 나오는 듯 프라이빗합니다. 누구의 터치도 받고 싶지 않을 때 부려봄직한 사치입니다. 한옥 주변으로는 종남산, 서방산, 위봉산이 360도 파노라마로 감싸고 있어 포근함과 광대함이 동시에 느껴집니다.

"아원고택의 주인은 주변 풍광이다. 그중 정면에 있는 종남산을 어떻게 하면 가장 아름답게 볼 수 있을까 고민한 끝에 현재 위치를 잡았다. 고택의 모든 창은 이 산을 담는 액자다." 아원 대표의 말처럼 종남산이라는 천혜의 풍광을 눈과 마음에 고스란히 담아갈 수 있는 공간. 아원고택입니다.

과거와 미래를 잇는
아원고택 천목다실

Travel Tips

✓ **아원고택**

전북 완주군 소양면 송광수만로 516-7, 063)241-8195, http://www.awon.kr

✓ **소양고택**

전북 완주군 소양면 송광수만로 472-23, 063)243-5222, www.stayhanok.com

✓ **아원고택 내 카페 이용**

아원고택은 숙박하지 않더라도 1만원의 입장료(커피 별도)로 갤러리와 고택 탐방가능. 단, 숙박 손님들이 최대한 고요히 한옥 스테이를 누릴 수 있도록 관람 시간 제한(오후 12시~4시).

✓ **근처 가볼만한 곳**

위봉산성과 위봉폭포

위봉산성은 조선숙종 1년(1675년)에 쌓은 것으로 총 둘레가 약 16km에 달하는 대규모로 3개의 성문이 있는 산성으로 지금은 일부 성벽과 서문만 남아 있다. 오성 한옥마을 위쪽으로 자동차로 2km 정도 올라가면 나오는데 이곳 역시 BTS가 화보를 찍었던 명소 중 하나로 인스타 성지가 되었다. 산성 위로 100m 정도 돌을 밟으며 걸을 수 있는 길이 있고, 그 아래로는 석문과 'S'형으로 이어지는 산성이 있다. 위봉산성에서 자동차로 2~3분 떨어진 곳에 있는 위봉폭포는 높이 60m의 2단 폭포로, 예로부터 완산 8경의 하나다. 도로에서부터 폭포 아래까지 나무로 된 산책로가 조성돼 있다.

산속등대

버려져 있는 제지공장 부지를 복합문화공간으로 탈바꿈한 공간. 미술관, 체험관, 아트갤러리, 카페가 있는 완주 지역 문화예술 중심지. 2019년 문화체육관광부가 주관하는 대한민국 공간문화대상 장관상(누리쉼터상)을 수상했다.

송광사

'송광사(松廣寺)' 하면 전남 순천을 떠올리게 된다. 완주에도 같은 이름의 절 송광사가 있다. 산속에 있는 사찰과 달리 평지에 있어 접근성이 좋다. 종남산 아래 위치한 송광사는 대웅전(보물 1243호)과 종루(보물 1244호), 소조사천왕상(보물 1255호) 등 여러 문화재가 소장돼 있다. 여름엔 연꽃을 보기 위해 많은 이들이 찾는 곳. 산사음악회, 템플 스테이도 체험할 수 있다.

오스갤러리와 오성제 저수지 둑방길

소양면 호숫가에 자리한 갤러리 카페 오스 갤러리는 잔디마당과 이국적인 건물이 조화로운 곳이다. 갤러리에서 작품을 감상하고 호수를 바라보며 차를 마시고 둑방길 산책까지 세련되면서도 한적함을 즐기기 좋다.

✔ 완주군 소양면 일대 추천 여행 루트

소양고택 → 아원고택 → 위봉산성, 위봉폭포 → 오스갤러리 → 오성제 둑방길 → 송광사

위부터 산속등대,
송광사, 오스갤러리

20 시 간 이 멈 춘 듯 한
느 림 의 미 학

영주 무섬마을 외나무다리

영주 무섬마을 외나무다리

사람 간의 만남이 힘들어질 무렵 문득 봉화에 귀농한 선배가 생각 났습니다. 어딘가로 가고 싶은데 갈 수 없을 때, 세상과 뚝 떨어져 농 사를 짓고 있는 선배 집에 가면 마스크쯤 안 쓰고 편안히 지낼 수 있을 것 같았거든요. 그렇게 간 봉화 행에서 지난번엔 영주 부석사를 이번 엔 무섬마을을 알게 되었습니다. 강이 마을을 한 바퀴 휘둘러 감싸면서 흘러가는 지형의 마을을 '물돌이 마을'이라고 하는데 경북에는 3대 물돌이 마을이 있습니다. 안동의 하회마을과 예천의 회룡포, 그리고 영주의 무섬마을입니다. 하회마을이야 워낙 유명하지만, 무섬마을은 저도 이번에 처음 들어봤어요. 영주시 문수면의 '무섬마을'은 마치 마을이 물 위에 떠 있는 섬과 같이 보인다고 해서 붙여진 이름입니다.

화사한 꽃이 반겨주는 전통마을과 외나무다리

마을 입구 수도교를 차로 건너면 주차장이 있고 강과 마을을 구분 짓는 둔치 위로 산책로가 잘 닦여 있습니다. 한쪽으로는 해우당 고택 등 문화유산으로 지정된 전통마을이 아담하게 자리잡고 있고, 다른 한 쪽은 넓은 강 일대가 펼쳐져 있어서 둔치를 걷는 것만으로도 힐링이 됩니다. 이 마을은 일제강점기 때 3·1 만세운동을 이끌었던 애국지 사들이 일제의 총칼을 피해 본거지로 삼았고, 동네 주민들도 적극 나 섰던 애국의 마을이기도 하다네요.

가장 인상적이었던 것은 한 사람이 겨우 지나갈만한 가늘고 긴 외나무다리였습니다. 넓은 모래사장을 따라 흐르는 강을 건너기 위한 좁디 좁은 외나무다리의 태극 모양이 매우 독특해서 각종 TV 드라마와 예능 프로그램의 배경이 되기도 했습니다. 앞서 걷던 선배가 휙 돌아나오니 영락없이 피할 곳이 없네요.

그 자리에 잠시 앉아 봅니다. 주변 풍경이 마치 사극 속 한 장면 같습니다. 시간이 멈춘 듯한 마을 분위기에 서서히 녹아들면서 느림의 미학에 젖어봅니다.

안동의 하회마을만큼 화려하지도 않고 아담하기만 한 무섬마을은 그나마 방송에 나오지 않았다면 근처에 사는 사람들이나 알았을 것 같은 조용한 마을입니다. 각종 유명세를 치르는 관광지와 시끄러운 세상에 지쳤다면 고즈넉한 이곳에서 한가함의 미학을 느껴보시기를 적극 추천합니다.

북살롱 이마고

동 네 책 방
아 날 로 그 여 행

통영 봄날의 책방

제주 책방 올레

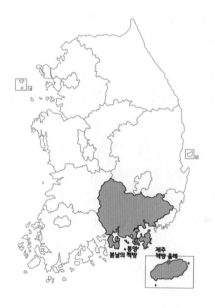

봄날의 책방

제주
책방 올레

통영 봄날의 책방

"책이 없는 방은 영혼이 없는 육체와 같다." 는 말이 있습니다. 책방은 그 자체로 하나의 완벽한 세계이지만 여행지에서 만나는 책방은 더욱 특별합니다. 몸을 힐링 했으면 이젠 영혼을 힐링 할 차례라고 말하는 듯합니다. 다도해라는 말이 그리고 있듯, 500여 개의 섬이 알알이 떠 있는 통영은 산과 바다, 항구와 섬이 어우러져 '동양의 나폴리' 라는 말이 더없이 어울리는 곳입니다. 미륵도를 크게 돌며 해변을 따라 드라이브를 하다보면 오르락내리락 굽이치는 것이 이탈리아 중부의 해안 절벽 풍경이 겹쳐지면서 이런 곳에서라면 예술이 탄생하지 않을 수 없겠다는 생각이 절로 듭니다.

바라보는 것만으로도 영감이 떠오르는 자연 풍경 때문인지 몰라도 통영은 음악과 그림, 문학에 이르기까지 수많은 예술가의 고향입니다. 20세기 위대한 작곡가로 꼽히는 윤이상, 한국의 피카소라 불리는 전혁림, 설명이 필요 없는 작가 박경리를 길러낸 곳이지요. 이외에도 김춘수, 유치환, 정지용 등 나열할 수조차 없이 많은 예술가들이 모여살던 예술촌입니다. 지금도 봉수골엔 이들의 예술혼과 통영에 대한 사랑을 이어가는 예술가와 문학가들이 둥지를 트고 있으며 서울 한복판에나 있을듯한 감각적인 맥주집, 호스텔, 커피숍, 베이커리도 하나둘 생겨나고 있어 젊은이들의 발길을 끕니다.

그 중심에 있는 곳 중 하나가 '남해의 봄날' 출판사가 운영하는 '봄날의 책방' 입니다. 서점이 예뻐서 들렀다가 서가 가득 채워져 있는 통영의 이야기를 만나고 나면 통영에 대한 이해가 조금은 넓어지는 것 같은 이곳은 통영과 통영의 예술가들의 향기로 가득합니다. 통영의 예술가들에 관해서라면 몇 날 며칠을 얘기해도 끝이 없을 만큼 대가들로 가득하다 보니, 그 자랑을 어찌 멈출 수 있을까 싶어집니다. 뻔한 베스트셀러를 진열하지 않고 가장 통영다운 책들을 가진 책방. 다른 소도시들에도 이런 보석 같은 '진짜 로컬' 책방이 있으면 좋겠다는 욕심을 내어보게 됩니다.

봄날의 책방은 현판에 자신을 이렇게 소개하고 있네요.

"봉수골 벚꽃나무 아래 책방 하나 있고 그곳에 사람이 있네."

Travel Tips

✓ 통영 봄날의 책방

경남 통영시 봉수1길 6-1, 연락처 070-7795-0531, 10:30~18:30 (월, 화 휴무)

✓ 함께 가면 좋을 곳

전혁림 미술관

봄날의책방 바로 옆에 있는 미술관. 2003년 5월 개관했다. 화백이 30년 간 생활 해오던 사택을 허물고 지은 것으로 외벽은 화백의 작품을 도자기 타일에 옮겨 장식했으며 3층 전시실 외벽은 1998년 작품 '창 (window)'을 재구성한 대형 타일 벽화가 장식되어 있다. 물고기, 파란색이 주로 등장하는 그의 작품은 강렬하면서도 통영 그 자체란 느낌이 드는데, 작품들을 보다보면 그가 왜 '한국의 피카소'로 불리는지 고개가 끄덕여진다. 미술관 바깥 봉수로는 옛것과 새것이 어우러진 낭만 가득한 산책을 선물한다. 감자를 캐는 농부와 방금 수확한 농산물을 내놓고 파는 정감 있는 모습도 만날 수 있다. 오래된 이발소 간판과 60년대 풍 미용실, 그 사이사이 박힌 힙한 카페와 음식점들은 이곳을 오가는 마을버스와 멋스럽게 어우러져 조화를 이루고 있다.

봄날의 책방

전혁림 미술관

나를 만나는 확실한 길
제주 책방 올레

매년 제주에 사는 친구와 올레를 걷다보니 제법 많은 오름과 올레 길을 걷게 되었어요. 그래도 제주에 갈 땐 늘 새로운 곳, 안 가본 곳을 찾게 됩니다. 그렇게 제주의 '새로운' 곳을 찾다가 '책방 순례'를 하게 되었어요. 꼭 마음을 먹었다기보다는, 사실 시작은 제주의 혹독한 여름 날씨 때문이었습니다. 어찌나 덥고 습한지 바깥에서 단 몇 분도 참기가 어려웠거든요.

제주 반살이 하는 선배에게 물었던 적이 있습니다. "여름에 왜 제주에 안 있고 서울에 오느냐." 선배가 말했었죠. "제주는 너무 더워. 걷지도 못하는데 있을 필요가 없지." 올 여름에서야 선배의 말을 온전히 이해했습니다. 그러고 보니 그간 저는 날씨가 완벽에 가까운 봄, 가을에 제주에 있었더군요. 그런데 여름 날 제주에 있어보니 도저히, 아주 잠깐도 걷지 못할 만큼 덥고 습해서 그걸 피하는 방법을 찾아야만 했던 것입니다.

그리하여 착안한 여름 제주 나기 좋은 곳 TOP 3는? 물 안(바닷 속). 차 안(드라이브). 책방 안! 그중에서도 마을과 사람을 잇는 가장 아름다운 길이라는 책방 올레, 동서남북 외딴 곳에 보석처럼 박혀있는 독립책방들을 소개합니다.

전국에 다양한 동네책방이 있지만 제주의 독립책방들은 더 특별한 개성을 내뿜는 것 같아요. 수십 번을 갔어도 제주의 지도가 머릿속에 담기지 않았는데 동서남북 동네책방을 돌다보니 비로소 확실하게 지도가 그려집니다.

몸만 쓰는 여행, 마음만 쓰는 여행에 머리도 쓰는 여행을 선물해주기에 충분했던 시간. 대형 서점처럼 짜고 치는 뻔한 베스트셀러 대신 책방 주인의 취향과 지향점을 담은 인문서, 여행서, 디자인 그리고 예술서들. 생태와 자연 친화적인 라이프 스타일을 지향하는 책, 지역 문화예술을 밝혀주는 귀한 책을 만날 수 있는 공간이 제주엔 수십 개가 있고, 오늘도 늘어나는 중이라고 합니다. 제가 가본 책방 중 고르고 고른 7곳의 보물 같은 공간을 추천합니다.

나만의 제주 책방 순례 지도

1. 한림읍 소리소문(小里小文)

제주 책방은 책이 메인인 곳, 카페를 겸한 곳으로 나뉩니다. 책이 메인인 곳은 따로 커피나 음식을 팔지 않고 오직 책의 선별과 진열에만 관심을 두었다는 게 느껴집니다. 아침 내내 과도한 해수욕에 눈이 스르르 감겼지만, 숙소로 가기 전 점찍어둔 책방에 가보기로 했어요. 비 오는 날 중산간은 드라이브 그 자체로 즐거움을 줍니다. 키가 커다란 녹색의 나무들 사이로 난 2차선 도로를 달리다 보면 뉴질랜드 어디쯤 와있는 듯한 착각이 듭니다. 힐링~ 힐링~ 드라이브 길에 콧노래가 절로 납니다.

파랗고 빨간 예쁜 지붕에 검은 구멍이 숭숭 뚫린 현무암 담을 쌓은 전통 집들도 너무 아름다워 찰칵! 입구엔 마치 책방이라는 것을 한마디로 정의하고 싶다는 듯 '책'이라는 현수막이 걸려있습니다.

문을 열고 들어가니 읽고 싶은 책들, 책방 주인의 간택을 받은 책들이 가지런히 누워있네요. 몇 권을 골라 나옵니다. 책방에선 책 이외의 것은 팔지 않지만, 배를 채우거나 커피를 마실 수 있는 카페 겸 레스토랑이 책방 바로 옆에 있으니 걱정 안 하셔도 돼요.

문을 나서는데 사람들이 하나둘 이어서 들어옵니다. 소리소문 없이도 올 사람은 다 온다는 걸 보여준 오롯한 책방! 소리소문입니다.

▶소리소문
제주 제주시 한림읍 중산간서로 4062
전화 0507-1320-7461
오픈 11:00-18:00(화, 수 휴무)

제주시 용담동 동한두기길 횟집들 사이에 '무심히' 자리 잡은 바라나시책골목에는 자칫 그냥 지나쳐 가기 쉬운 외관이지만, 노란색 문을 열고 안으로 들어가는 순간 내가 지금 인도에 있나? 아니 발리인가? 하는 착각이 들 만큼 전혀 다른 세상에 들어선 듯한 매력을 가진 책방이 있습니다. 공항에서 15분 거리라 부담 없이 찾기 좋을 뿐 아니라 근처엔 용연 구름다리 같은 산책로도 있어 같이 둘러보기 좋습니다. 제가 갔을 땐 마침 타임스지 선정 세계 젊은 작가 탑갈(Topgyal)의 '본래. 존재. TAT. SAT' 사진전이 열리고 있었는데, 사진의 느낌이 책방의 책들과 한껏 어우러져 정말이지 티베트나 인도의 한 구석에 있는 듯한 기분이 들었어요. 분위기를 이어가듯 주로 사진집이나 명상 관련 책이 많았습니다. 새 책을 넘길 땐 어쩐지 긴장하게 되는데 여긴 헌책이 많아 마음이 더욱더 푸근해집니다.

치앙마이 같은 곳에서 봤던 의자에 편안히 자리 잡고 앉으니 샌들우드(sandalwood)향이 은은히 스며듭니다. 인도풍 옷을 입은 친절한 주인장, 간단한 샌드위치, 명품 짜이(chai. 차이 혹은 짜이라고 하는 인도의 국민 차. 홍차에 우유, 설탕, 마살라같은 향신료를 넣어 만든 일종의 밀크티), 차를 내올 때 따라 나오는 주인장이 선정한 한줄의 글귀가 담긴 쪽지. 디테일한 정성으로 더욱 기분이 좋아지는 책골목입니다. 온종일 뒹굴고 싶어집니다. 마치 낯선 나라의 골목에 와 있는 것처럼 느껴지는 곳. 바라나시 책골목입니다.

▶바라나시책골목
제주 제주시 동한두기길 35-2
전화 010-7599-9720
오픈 11:00~19:30(토, 일 휴무)

제주 책방 순례에선 구성이 아무리 좋다 해도 외관이 '제주스럽지' 않은 곳은 별로 가고 싶지 않더라고요. 굳이 제주까지 가서 시멘트 건물 속의 책방에 머물고 싶진 않은 탓이겠죠? 이름도 근사한 윈드스톤은 겨울이 더 어울릴 것 같은 느낌이지만 비 오는 날도 참 좋은 곳이었어요.

돌담을 돌아 들어간 카페 마당엔 자갈이 깔린 정원과, 날씨 좋은 날엔 야외 좌석에 앉을 수 있게 예쁜 테이블과 의자도 마련되어 있네요.

제가 좋아하는 목수국이 인사하는 입구의 문을 열고 들어섭니다. 한쪽에선 책과 예쁜 소품도 판매하지만, 이곳의 제일 큰 비중을 차지하는 건 카페였습니다. 비 오는 날 마신 아몬드 라떼는 오래오래 남아 이곳을 그리워하는 향기가 되었네요.

▶윈드스톤
제주 제주시 애월읍 광성로 272
전화 070-8832-2727
오픈시간 09:00~18:00 (일요일 휴무)

시집 〈기차를 놓치다〉, 〈꿈결에 시를 베다〉, 산문집 〈그대라는 문장〉을 쓴 손세실리아 시인이 직접 운영하는 책방입니다.

시인이 운영하는 책방. 그 자체만으로 뭔가 남다를 듯한 이곳은 시인이 직접 저자를 찾아가서 받은 정성 가득한 사인본만 소장하고 판매하는 것으로 유명합니다.

그러나 제겐 바닷가에 바로 접해 있어 마치 배를 타고 있는 듯한 착각이 들 만큼 아름다운 창밖 풍경이 더 인상적이었습니다. 누가 말 시키면 싫을 것 같은 곳. 그 마음을 잘 알고 있다는 듯, 시인은 바다가 보이는 공간은 바다를 마주 보고 앉을 수 있는 바 형태로 만들어 놓았습니다.

마음에 드는 책 한 권, 음료 한잔과 함께 바다 정면에 앉았습니다. 책이랑 마주하고 저자와 얘기하다가 잠시 고개를 들면 바다가 친구 하자고 손짓하는 곳. 이 순간만큼은 오롯이 삶이 시가 되는 책방. 시인의 집입니다.

▶시인의 집
제주 제주시 조천읍 조천3길 27
전화 064)784-1002

제주 동쪽 끝 마을 종달리는 그냥 지도 따위 던져놓고 종달종달 걸어 다니기만 해도 즐거워지는 마을입니다. 이젠 이런 마을 구석구석에도 아기자기한 소품 가게와 떡볶이집, 스튜디오까지 생겨서 마을 탐방이 더욱더 즐겁습니다.

종달리 마을 여행의 즐거움에 종지부를 찍는 곳은 바로 소심하지 않은 소심한책방입니다. 문을 열고 들어서니 제주 책방지도와 각종 로컬 정보가 가득한 책들을 비롯해 주인장이 선별한 여행에 어울리는 책들이 쏟아집니다. 좁은 공간이지만 소설가 김연수를 비롯한 유명작가의 북 토크도 자주 열린다고 하네요.

▶소심한 책방
제주 제주시 구좌읍 종달동길 29-6
전화 070-8147-0848
오픈 10:00~18:00

책방이자 출판사. 북디자인 회사이며 전시 강연장이자 카페입니다. 푹푹 찌는 습도 높은 날이었는데도 확 열어젖힌 커다란 문으로 들어오는 자연 바람이 에어컨보다 시원하게 느껴졌던 곳. 문도 크고, 책상도 크고 모든 것이 큼직큼직해서 속이 시원해지는 곳. 초록초록한 창밖 풍경이 그대로 그림이 되는 곳입니다.

노트북을 앞에 두고 작업 중이던 엣지 있는 주인장이 인상적인 곳이었는데 알고 보니 30년 간 책 관련 일을 해온 '도서출판 이마고'가 운영하는 책방이라고 합니다. 그래선지 이곳에서 커뮤니티 사람들과 합동으로 책을 만들기도 한답니다. 이곳에서 만든 세련된 로컬책자들이 눈에 들어왔지만, 비매품이라 구매할 수 없었던 것이 아쉬움으로 남아 있습니다.

1층은 서점과 카페, 2층은 북 스테이로 운영됩니다. 책방 외에도 다양한 클래스와 공연이 열리는 대안 문화공간으로 활용되며 대관도 가능하다고 합니다.

▶ 북살롱 이마고
제주 서귀포시 표선면 세화강왓로 78
전화 064)787-3282
오픈 11:00~18:00 (수, 목 휴무)

카페, 빈티지 숍, 책방이 다 함께 모여 있는 원스톱 멀티 공간 더리트리브는 예쁜 창문 사이로 쏟아져 들어오는 햇살이 기분을 좋게 하고, 가슴이 탁 트일 만큼 넓은 공간에 띄엄띄엄 간격을 둔 카페 분위기가 마음을 여유롭게 합니다. 커피를 주문하러 가는 길에 만난 바닥에 철퍼덕 늘어져 있는 골드리트리버와 보더콜리마저 마음을 푸근하게 해주네요.

한쪽에 마련된 제법 큰 빈티지 숍의 이름은 '그런 마인드'. 세상특이한 옷과 액세서리를 비롯해서 그릇과 천, 조명 용품, 인테리어 소품까지 판매합니다. 빈티지 숍 구경을 마쳤다면 힙한 포스터가 붙어 있는 계단을 따라 올라가세요. 2층이 책방입니다.

주로 예술 관련 책들과 아트 포스터를 만날 수 있어요. 손으로 직접 쓴 필사본 구매도 가능하고 헌책, 새 책, 사진, 엽서와 포스터, 일러스트 등 아트 숍과 책방이 한데 어우러져 있는 느낌을 주는 작은 책방입니다. 데스카 오사무의 책을 구매하니 예쁜 봉투에 정성스럽게 포장을 해주십니다. 서귀포에 오면 다시 들러보고 싶은 곳. 더리트리브 부키니스트북스입니다.

▶ **더리트리브 부키니스트북스**
제주 서귀포시 안덕면 화순로 67, 2f
전화 010-5715-8112
오픈 10:00~19:00(수요일 휴무)

소리소문

Travel Tips

✓ 제주 책방올레 에티켓

1. 방문 전 운영시간을 확인 필요

제주는 카페나 음식점도 그렇지만 특히 책방은 가기 전 오픈 여부를 확인해야 한다. 제주 책방은 화수 휴무인 곳도 많고, 오픈 시간도 11시나 심지어 오후 1시인 곳도 있다. 24시간 오픈에 익숙한 서울 사람 입장에서는 불편함 가득하지만, 신선한 재료로 꼭 필요한 만큼만 제공하는 식당처럼 일은 할 만큼만 하고 자신의 삶을 사는 일. 멋지다. 냉장고가 없던 인도 어느 바닷가가 떠올랐다. 그냥 그날그날 필요한 만큼만 물고기를 잡고, 그렇게 잡은 생선을 밖에 두어도 상관없을 만큼의 시간 동안만 팔고, 나머지는 자신의 삶에 바치던 사람들이 떠오른다. 유럽에서는 시에스타를 멋지다고 생각했으면서 막상 우리나라에선 '준비 시간'을 불편하다고 여겼던 나를 반성했다.

2. 책과 물품은 소중히

책방에서 책 한 권 구매하는 센스. 독립책방 운영자의 애로사항을 들은 적이 있다. 사람들이 도서관과 동네 책방을 구분하지 않는다는 거다. 책을 마구 꺼내서 바닥에 앉아 실컷 보고는 그냥 간다는 것. 책은 낡아지고 결국 팔지도 못한 책은 고스란히 책방 주인의 손실로 돌아갈 터. "여긴 도서관이 아닙니다."라고 우회적으로 써놓거나, 소중히 다뤄 달라고 요청하기도 하지만 무심한 이들이 많단다. 마을에 책방이 존재함으로써 주민의 삶이 풍요로워지고 여행자의 여행이 깊어지는 만큼 지키는 노력도 함께 했으면 하는 마음이 생긴다. 제주 사는 친구는 책방에 갈 때마다 책을 반드시 한 권 이상 사거나 아니면 음료라도 마신단다. 나도 배워서 함께 간 친구들에게 책을 한 권 씩 선물했다.

22 호수의 짜릿한 반전

파주 마장호수 출렁다리

맑은 호숫가를 중심으로 수변둘레길 걷기, 출렁다리의 스릴, 카페에서의 여유까지 다채로운 즐거움을 주는 마장호수는 자연친화적 수변 테마 체험공간입니다. 국내에서 가장 긴 220m의 흔들다리와 더불어 파주 관광의 랜드 마크로 자리매김하고 있는 곳입니다. 3.3km의 마장호수 둘레길 수변 데크로드가 끝나는 지점에서 왼쪽 계단을 올라가면 출렁다리(흔들다리)로 이어지는데, 다리 중간에 방탄유리로 설치된 투명한 바닥이 스릴을 더해줍니다.

산과 호수를 함께 끼고 있어 물빛과 낙조가 멋진 조화를 이루는 마장호수는 답답한 일상에서 벗어나 잠시나마 자연의 품속에 안긴 듯한 느낌이 필요할 때 적당한 곳입니다. 물빛 맑은 호수를 바로 옆에서 바

감악산 출렁다리

라보며 걸을 수 있는 아름다운 데크길로 유명하며 파주 남동쪽 끝 양주 장흥쪽에 있는 호수라 서울에서 접근성이 가장 좋은 '출렁다리 명소' 이기도 합니다. 깔끔하게 조성된 공원과 분수대를 감상하며 곳곳에 쉬어갈 수 있게 마련된 벤치, 야생화 가득한 하늘 계단, 호수를 한 바퀴 돌며 걷기 좋게 만들어진 둘레길은 온가족이 오순도순 힐링하며 걷기 좋은 길입니다.

그중에서도 역시 명물은 호수를 가로지르는 출렁다리입니다. 그냥 무늬뿐인 출렁다리가 아닙니다. 호수 한가운데를 가로지르는 동안 양쪽으로 보이는 풍광이 멋질 뿐 아니라 흔들흔들 스릴이 넘칩니다. 호숫가 산책 후에 인스타 명소, 언택트 카페 레드브릿지에서 멋진 기념

사진도 남기면 좋을 듯하네요.

가을엔 단풍이, 겨울엔 눈이 색다른 풍경을 선사하는 마장호수 출렁다리의 재미에 빠졌다면 근처 감악산 출렁다리도 가보시기를.

내친김에 출렁다리 한 개 더! 감악산 출렁다리

감악산 출렁다리는 2016년 준공될 때만 해도 국내 산악 최장 현수교였는데, 지금은 2018년 1월에 개통된 원주 소금산에 놓인 200m의 다리에 '최장 산악 보도교' 자리를 내주었습니다. 감악산은 경기 오악(五岳) 중 하나로 바위 사이로 검은빛과 푸른빛이 동시에 나오는 감색 바위산이란 뜻입니다.

감악산 둘레길의 시작점에 위치한 출렁다리는 도로로 인해 잘려 나간 설마리 골짜기를 연결해 온전히 하나로 만들어줍니다. 정상에는 감악산비가 서 있고, 장군봉 바로 아래에는 임꺽정이 관군의 추격을 피해 숨어 있었다는 임꺽정 굴도 있습니다. 휴전선과 가까워 정상에 오르면 임진강과 개성 송악산이 눈에 들어옵니다. 능선에 나 있는 솔향 그윽한 등산로와 상큼한 흙내음이 일품이라 많은 등산객이 찾는 곳입니다.

감악산 출렁다리는 주차장에서 가파른 숲길을 10분 정도 걸어 올라가면 바로 만날 수 있습니다. 운이 좋으면 출렁다리 끝에 있는 범륜사 비빔밥도 맛볼 수 있습니다.

뷰가 좋기로 소문난
레드브럿지 베이커리카페

Travel Tips

✓ **마장호수**

경기 파주시 광탄면 기산로 365,

마장호수 출렁다리 이용시간 동절기 오전 9시~오후 6시, 하절기 오전 8시~오후 6시

✓ **감악산**

경기도 파주시 적성면 설마리

✓ **레드브럿지 베이커리카페**

경기 파주시 광탄면 기산로 329, 10:00~19:00

23 물 위 의 시 간

춘천 중도물레길 카누

한강 요트투어

중국 명언집에 "뜻을 두고 꽃을 가꾸지만 꽃은 피지 않고 무심코 심은 버들은 큰 그늘을 이룬다."는 말이 있다고 합니다. 매 순간 최선을 다해 살지만 나의 의지와 상관없이 흘러가는 일에 마음이 휩쓸리기도 하지요. 이럴 땐 그냥 마음을 내려놓고 흘러가는 강물을 바라보고 싶어집니다.

물의 고요함을 즐길 수 있는 공간을 소개합니다. 고요한 호수와 매우 익숙한 한강. 당신은 어떤 타입이신가요?

고요 속으로 노 저어가다,
춘천 중도물레길 카누

저는 오키나와 대만 사이에 있는 섬 이시가키와 태국 끄라비에서 선셋 카약을 맛본 후 카약킹의 매력에 빠졌습니다. 제주나 삼척 같은 바닷가나 한강, 호수에서도 카약이나 카누를 즐길 수 있습니다. 춘천 중도물레길은 고급스러운 우든 카누를 타고 아름다운 의암호를 떠다니며 일상탈출의 짜릿함과 고요함을 즐길 수 있는 최고의 방법입니다.

카누(Canoe)는 북미 캐나다 지역에 거주하던 인디언이 사용하던 보트로 한쪽에만 날이 달린 외날 노(Single-blade Paddle)를 사용하는데, 우리 선조들도 통나무로 된 카누를 탄 적이 있다네요(국립경주박물관). 카누는 처한 환경에 따라 다양하게 발전하게 되는데 북미 인디언들은 자작나무로 만든 배를 사용했지만 카약은 북극해 연안의 그린란드와 알래스카, 알류샨열도 지역에 거주하던 에스키모들이 사용하던 보트를 개량한 것으로 양쪽 끝에 날이 달린 양날 노를 사용하는 것을 말합니다. 에스키모인들이 동물 뼈에 바다표범 가죽을 씌워 사용하기도 했다네요.

초보자들은 아무래도 카누보다 카약을 선호하는데, 카약이 카누보다 노 젓기 쉽고 조종하기가 좀 더 낫기 때문입니다.

카약은 가벼워서 운반하기도 더 쉽고 바람이나 조류에도 쉽게 밀리지도 않아서 뒷부분에 보조 배를 부착할 수도 있습니다. 보조 배를 붙일 경우 바다처럼 파도가 센 곳에서 안정감이 있다는 장점이 있습니다.

춘천 중도물레길은 물풀숲길에서 철새둥지길, 중도종주길, 스카이워크길까지 초급에서부터 중급, 고급코스에 이르기까지 다양합니다. 우든 카누를 직접 만드는 것을 배우는 교육과정도 있으니 관심 있다면 배워보는 것도 좋을 듯하네요.

Travel Tips

✓ 춘천중도 물레길 예약
www.ccmullegil.co.kr

✓ 함께 가볼 만한 곳 & 추천 루트
제이드가든 → 해피초원목장 → 샘밭막국수(맛집) → 중도 물레길카누타기 → 헤이춘천(숙박) → 공지천 → 에티오피아 한국전 참전기념관 & 이디오피아 커피 → 김유정문학마을 → 김유정역 레일바이크

조금은 사치스러운 우리만의 시간
한강 요트투어

　기계처럼 하루하루를 살아온 사람은 팔순을 살았어도 단명한 사람이라고, 피천득 선생님은 말씀하셨지요. 우리가 진정 오래 살 수 있는 방법은 새로운 풍경을 맞이하는 일, 시선을 바꿔보는 일인지도 모르겠네요. 뜻밖의 전염병 유행으로 사람과 사람 사이의 거리가 멀어져만 가는 요즘 가끔은 친한 사람들과 정다운 시간이 너무도 그립습니다. 실내는 부담되고 답답한 가슴을 탁 트일 수 있는 곳이라면 더 좋겠죠. 오랜만에 멀리 여행 온 기분도 좀 낼 수 있다면 더할 나위 없을 듯해요.

　나일강을 가르는 펠루카, 아프리카 잔지바르에서의 요트투어 그리고 통영도 좋았지만, 여름날 한강에서 노을과 야경을 마음껏 누릴 수 있었던 한강 요트체험을 꼭 추천하고 싶습니다. 이름하여, 한강을 가장 특별하고 로맨틱하게 여행하는 방법! 요트를 보고 있노라면, 흰 천과 바람만 있다면 어디든 갈 수 있다고 말하는 것 같습니다.

　요트를 타고 바람을 가르며 물 위를 달리는 장면. 누구나 한번은 꿈꾸지만, 막상 장시간 바다로 향하면 멀미부터 샤워 시설도 불편해서 그다지 낭만적인 것만도 아님을 알게 됩니다. 그러니 딱 좋을 만큼만 즐기는 겁니다. 답답한 마음은 단번에 날려주고, 요트의 낭만도 느낄 수 있는 최적의 한강 요트투어. 프러포즈 장소나 데이트 코스로도 인기 높다고 하네요.

▷ **도심에서 쉽게 즐길 수 있는 수상 체험**

서울 요트협동조합이 운영하는 한강 요트투어는 서울마리나에서 탑승, 서울의 중심 한강을 느껴볼 수 있다.

▷ **다양한 시간대, 폭넓은 선택권**

평일 및 주말 오전 11시부터 밤 10시까지 다양한 시간대에 아침의 한강부터 서울의 야경까지 서울의 다채로운 모습을 만나볼 수 있다.

▷ **특별한 경험, 우리만의 추억이 된다**

소수 인원이 럭셔리하게 즐기는 요트 투어로 조금 더 특별한 시간을 만들어 보는 것도 추천.

Travel Tips

한강 세빛섬 요트 & 보트체험: www.klook.com

골든블루 마리나서비스: www.gbboat.com

서울마리나 마린서비스: www.seoul-marina.com

크루저 요트 개인 승선 8명 정원 시간 당 15,000원

크루저 요트 전체 임대 8~9명 정원 시간 당 120,000~135,000원

비즈보트 전체 임대 24명 정원 시간 당 336,000원

언제나 충만한 힘을 갖지 못한 사람들에게 있어서
여행이란 아마도 일상적인 생활 속에서 졸고 있는
감정을 일깨우는데 필요한 활력소일 것이다.
그러므로 사람은 자기 자신에게서 도피하기 위해서가 아니라
그것은 불가능한 일
자기 자신을 되찾기 위하여 여행을 한다고 할 수 있다.

　－장 그르니에－

24 일 상 의 새 로 움

서울 노들섬

한 후배가 저를 '언제나 여행 중인 사람'이라며 본능이 여행이냐고 물은 적이 있습니다. 틈만 나면 낯선 곳에 가기를 좋아하고, 이왕이면 산책로와 카페가 있는 곳을 좋아합니다. 익숙하다고 생각했던 것들에서 낯선 것을 찾아내는 기술. 여행가들의 공통점입니다. 남들은 다 비슷비슷하다 여겨서 다시 가지 않는 곳이나 거들떠보지 않는 곳들도 여행가들은 남다른 호기심으로 새로운 점을 찾아내고야 말죠.

노들섬 안내문구도 이런 마음을 표현하고 있습니다. "일상으로부터 한걸음 내딛을 용기만으로도, 오롯이 나를 위한 시간과 새로운 활력을 선물해주는 곳." 노들섬입니다.

아무 버스나 집어타고 한바퀴

리투아니아, 라트비아, 에스토니아 같은 이름도 낯선 나라들을 여행할 때 종종 하는 일중 하나는 이른 아침 산책을 하다가 아무 트램이나 잡아타고 (반드시 한 바퀴 돌아 제자리로 오는 것으로!) 다시 숙소로 돌아오는 것이었어요. 이런 여행법의 좋은 점은 유명 관광지뿐만 아니라 그곳에 사는 사람들의 살아있는 일상을 만날 수 있다는 점. 포스터에서 보던 풍경과는 다른 삶의 이면, 삶의 속살을 볼 수 있는 최고의 방법이라는 점입니다. 이렇게 가볍게 떠난 마실에서 받은 인상은 어떤 관광 책자나 포스터에서 본 장면보다 긴 여운으로 남아 있곤 했어요.

이런 여행 습관은 일상에서도 그대로 이어져 일상 습관이 되었습니다. 어딘가를 가야 할 때, 집에서 꽤 먼 곳일 때. 그 길을 신나게 만드는 방법 중 하나는 그 길을 여행길로 만드는 겁니다. 일단 그곳에 뭐가 있나 검색하는 걸로 시작합니다.

강의 전 점심을 먹을 만한 곳은?

지인과 함께 산책할 만한 곳은?

공강 때 커피를 마실만한 곳은?

딱 마음 가는 곳이 없으면, 오가는 중간이라도 좋습니다.

도시여행자를 위한 자발적 표류의 공간을 꿈꾸는 노들섬

노들은 '백로(鷺)가 노닐던 징검돌(梁)'이라는 의미로 예부터 용산 맞은편을 노들이라고 불렀다고 합니다. 태종 14년(1414년) 노들에 나루를 만들어 노들나루라고 부르던 곳이 지금의 노량진입니다. 노들섬은 원래 용산 쪽에 붙어있는 넓은 백사장이었습니다. 1917년 일제 강점기 때 이촌동과 노량진을 연결하는 철제 인도교를 놓으면서 모래 언덕에 석축을 쌓아 올려 인공섬을 만들고 중지도라 부르던 것을, 광복 후 일본식 지명 개선 작업을 하며 노들섬으로 개칭했다고 합니다. 그러다 2019년 9월, 자연, 음악, 책, 쉼이 있는 복합문화공간으로 탄생했습니다.

저의 하루 여행이 종종 그러하듯 그날 노들섬에 간 것도 우연이었어요. 노들섬 기획자의 말처럼 "표류하다 떠내려간" 것이라고 할 수 있을 정도로 말이죠. 친구 남편이 독산동에 카페를 차려서 인사 차 가는 길에 '습관적으로' 독산동을 검색했지요. 아무리 없다 없다 해도 한두 군데 정도는 있기 마련인 맛집이 도저히 안 나오는 거예요. 그렇게 독산동 맛집 찾기에 실패한 우리는 가는 길에 있는 용산 용리단길의 핫한 태국식 레스토랑에서 밥을 먹었고, 독산동 커피숍 '10스퀘어 커피랩'으로 향했습니다.

별 기대 없이 얼른 커피나 마시고 나오자 생각했는데 웬걸요! 드라마 '동백꽃 필 무렵'의 강하늘이 튀어나올 것만 같은 예쁜 경찰서 앞에, 규모는 작지만 주인장의 세련된 감각으로 가득한 카페가 있는 게 아니겠어요? '커피 자체와 사랑에 빠진' 남자가 내려주는 커피는 정말이지 최고였습니다. 예쁜 잔에 내려주는 에티오피아 드립커피부터 에스프레소, 아인슈페너까지. 주인장은 거기 있는 모든 메뉴를 시음시키고픈 신난 얼굴이었어요. 이미 커피 맛을 알아주는 젊은 청년 단골도 생겼다고 좋아하는 주인장을 보며 곧 이곳을 시작점으로 '독리단길'이 생기겠다는 기분 좋은 예감이 들었습니다.

다른 손님이 하나둘 들어서고 자리도 비켜줄 겸 마을 구경에 나섰습니다. 카페 주인장이 추천하는 별빛남문재래시장으로 갔습니다. 요즘 시장은 재래라는 말이 어울리지 않을 만큼 깔끔합니다. 중국 식자재가 많아서 마치 짧은 중국 여행이라도 온듯합니다. 월병에서 장화까지 중국풍 가득한 시장 어귀에 있던 양꼬치 가게도 눈에 띄었죠. 다음번엔 양꼬치에 칭따오 한잔하자며 친구들과 약속도 했더랬습니다.

독산동 커피숍 '10스퀘어 커피랩'

별빛남문재래시장

돌아오는 길, 초록초록한 계절을 지나치는 게 아까워 노들섬에 내렸습니다. 한강변엔 놀랍게도 양귀비가 가득 피어있었습니다. 강바람에 하늘거리는 양귀비의 신비로움에 매혹당한 기분이었죠. 서울에 피는 꽃은 해마다 트렌드가 있는 것도 같습니다. 4월엔 어딜 가나 튤립이더니 5월엔 양귀비네요. 동네 둘레길은 온통 노란 국화가 피어있었죠. 집 바깥이 온통 꽃 대궐입니다. 아, 경춘선 숲길엔 장미가 피어있었네요.

노들섬의 풍경은 참으로 이국적이었습니다. 사회적 거리두기만이 최선인 시대. 멀리 나가지 못하는 젊은이들은 돗자리를 펴고 서로 연인의 무릎을 베고 누워 낭만적 풍경을 연출합니다. 유모차를 끌고 나온 가족도 평화롭기만 합니다. 퇴근 무렵, 직장인들이 치킨에 맥주 같은 간단한 먹을거리를 갖고 와서 하루의 스트레스를 날립니다. 다음번엔 석양 질 무렵 와인 피크닉을 하자 마음 먹으며 돌아오는 길, 오늘도 멋진 하루여행이 되었습니다.

가끔 SNS에 올리는 동네산책 사진에 이런 댓글이 달리곤 합니다. 내가 사는 동네에도 이렇게 멋진 곳이 있으면 좋겠다고. 전 이렇게 대답합니다. 찾아보면 당신 동네에도 분명 여기만큼 어쩌면 여기보다 훨씬, 훨씬 더 멋진 곳이 있을 거라고.

Travel Tips

✓ **노들섬 가는 방법**

1호선 용산역, 4호선 신용산역, 9호선 노들역에서 한강대교 방면으로 가는 버스 탑승.

여의도 불꽃놀이를 관람함 사람들은 용산역이나 노들역에서 내려 걸어오기도 한다.

한강대교를 지나는 버스 대부분이 노들섬을 지나므로 걷기 좋아하는 분들에겐 걷기 추천.

✓ **운영 시간**

야외 및 옥외공간 24시간 개방, 내부시설 11:00~23:00

(개별 시설마다 운영시간이 다를 수 있음)

✓ **추천 여행 경로**

노들서가 → 카페북 → 바캉스온아일랜드(자전거 카페)

Epilogue

우리 자신을 되돌아보게 하는 힘은 파란 하늘에도 있고, 뭉게구름에도 있습니다. 온종일 퍼붓는 장맛비에도 있고 오늘 하루도 잘 버텨냈다고 칭찬하는 듯한 붉은 노을 속에도 있습니다.

지금은 잠시 쉬어가는 시간.

여전히 우리 곁엔 숨겨진 보석 같은 섬이 있고, 초록물이 뚝뚝 떨어지는 숲이 있고, 언제든 맘만 먹으면 오를 수 있는 동네 앞산이 있습니다.

무엇보다 가장 소중한 건 지금 여기 당신과 내가 존재한다는 것. 행복이란 비 일상이 아니라 사소한 일상 속에 있다는 것.

지금은 곁에 있는 것들을 사랑할 시간입니다.

언택트시대 여행처방전

초판1쇄 발행	2020년 10월 12일
2쇄 발행	2020년 12월 5일
지은이	이화자
펴낸이	정태준
디자인	정도원 dowonjung2001@gmail.com
펴낸곳	책구름
출판등록번호	제 2019-000021 호
주소	전라북도 전주시 덕진구 세병로 184, 1302동 1604호
전화	010-4455-0429
이메일	bookcloudpub@naver.com
팩스	0303-3440-0429
ISBN	979-11-968722-3-6

※ 이 책은 국내 저작권법에 의해 보호 받는 저작물이므로 무단 전재와 복제를 금합니다.

※ 잘못된 책은 구입하신 서점에서 바꿔드립니다.